U0009479

catch

catch your eyes；catch your heart；catch your mind……

聽她講
日本企業的經營祕密
東京頂尖行銷人的產業觀察

她講 著

目次

理解商業，就等於是理解世界

二〇二〇年九月，因疫情而無法出門的筆者爲了消遣時間，開啟了YouTube頻道，製作了一段考察當時熱播戲劇《半澤直樹》影片。意外地受歡迎，本來觀看數只有數百、數千次的頻道一下子突破上萬。就是在那時我發現，只要能將商業領域的資訊換成更加休閒好懂的形式、用故事去傳達，就能爲大眾所接受。受到鼓舞的我，在之後持續製作了各種併購案、企業興衰之影片，從此開啟了我的商戰YouTuber之路。

筆者一直以來都對商業特別有興趣。因爲我認爲，透過理解商業，我們可以具備更清晰的脈絡去理解我們所身處的世界。筆者剛開始在日本工作時，任職的公司因爲商品力強，有不少粉絲，我們常常可以接到來自全國、甚至是全世界的來信。信中多半都是針對公司商品內容、價格、販售通路提出的各種建議。爲什麼商品材質不能再更好？價格不能再更低？銷售據點不能再更廣？當時還是菜鳥的我不知道如何處理；但前輩告訴我，不需要處理。因爲這些問題多半都是只要能對商業有點理解，就能夠輕鬆想通的問題。公司當然也想要用更好的材料、以更低的價格將商品送到更多人手上，但商業世界有它的結構、條理、以及遊戲規則。每個人手上拿到的每樣商品，接受的每種服務，都是每間公司在各種牽制之中努力訂定策略，實行後的成果。

我們在日常生活中冒出了疑問，通常透過商業的角度都可以獲得令人恍然大悟的解答。本書介紹的很多案例，其實都來自於筆者對「知」的渴求。例如，爲什麼夏普（SHARP）會選擇放下身段，成爲第一間被外資所吸收的大型電子公司？爲什麼索尼（Sony）能絕地重生，但同是世界級知名大廠的三洋（Sanyo）就完全從市場上消失不見？爲什麼日本動畫能享譽全球，但日劇或電影的國際地位卻無法與其相提並論？我期待透過本書，以輕鬆活潑的形式爲大家介紹背後的商業脈絡。

筆者介紹的眾多商業案例之中，又屬敵對併購系列最受歡迎。我想是因爲股權角力，最終有明確結果的關係。在第一章裡，我會介紹在餐飲、文具、電子產業發生的三大併購案例。讀者們閱讀時，可以嘗試多方角度思考。對身陷危機的被併購方來說，該怎麼做才是最好的？而以併購方的立場來看，敵對併購的成本不僅止於投注資金、還有企業的社會形象，強硬併購眞的值得嗎？同時，我們還可用股東的角度去思考，應該將手上的股票賣給誰，是什麼影響了自己的決定。併購案雖然殘酷，但在商業遊戲的規則之中，人人皆爲平等。

在第二章裡，我會深入淺出地介紹各種產業的經營與行銷案例。有的企業在有限的資源中，創造出令人出乎意料的巨大價值。而有的企業，拿著一手好牌，卻因操之過急、戰術失敗導致全盤皆輸。細讀這一章，可以幫助我們了解各大知名企業的經營背景、事業策略以及最終結果。如此一來，我們就能更深入地掌握商業世界的脈動。在第三章的兩小節裡，筆者將在日本職場打滾時的親身經歷以小品的形式分享給大家。希望能在最後爲讀者們提供一些輕鬆笑談，同時也給有意來日本工作的朋友一些參考資訊。

最後感謝我的家人、與我一同走過來的每一位頻道會員、還有邀請我寫下本書的大塊文化出版。期待能透過本書，讓大家對商業以及世界有更深入的理解。

I
日本企業的
商戰併購

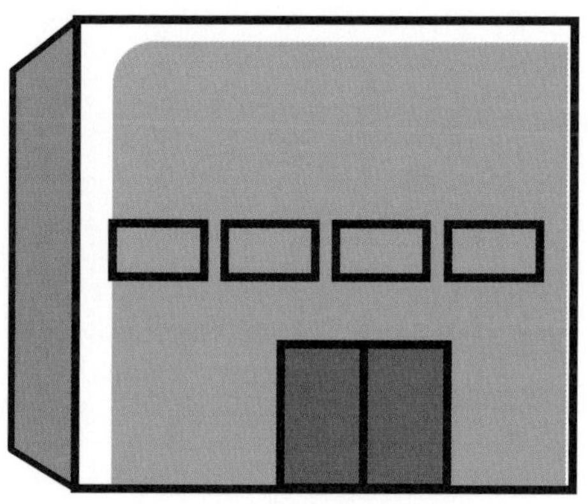

1.1

大戶屋 vs 牛角

——傳統手作與效率化中央廚房，正義在何方？

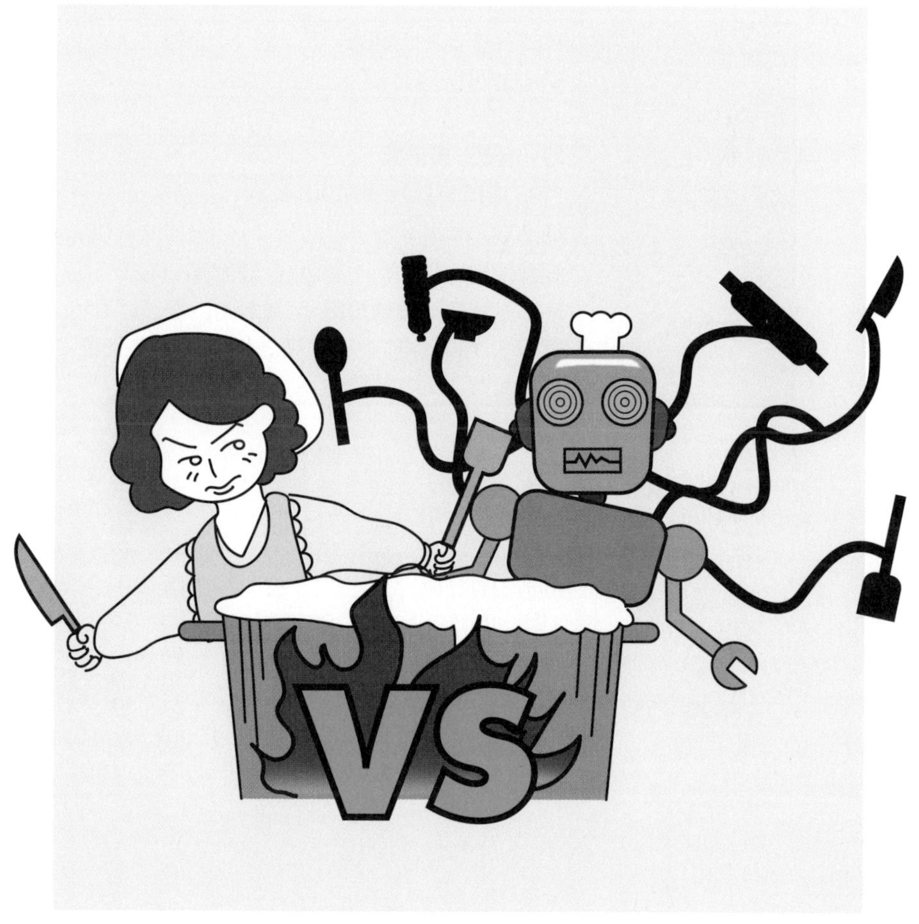

被併購方	株式会社大戸屋控股 OOTOYA Holdings Co., Ltd.
創業年月	1958 年 1 月
資本金	30 億 2900 萬日圓
國內店鋪數	302 店鋪 ※ 包含加盟店(2021 年度)
員工數	557 人(2021 年度)
主要業務	經營連鎖和食餐廳「大戶屋」

併購方	株式会社 COLOWIDE COLOWIDE CO., LTD.
創業年月	1963 年 4 月
資本金	279 億 500 萬日圓
國內店鋪數	2785 店鋪 ※ 包含加盟店(2021 年度)
員工數	48,000 人(2021 年度)
主要業務	經營燒肉店「牛角」、涮涮鍋「溫野菜」(しゃぶしゃぶ温野菜)、迴轉壽司「河童壽司」(かっぱ寿司)等知名連鎖餐廳的經營，旗下有 10 間餐飲工廠，其中包含 2 間中央廚房

二〇二〇年夏天，旗下擁有牛角、溫野菜等知名品牌的日本餐飲業界龍頭 Colowide 召開了記者會，宣布集團將針對和食餐廳大戶屋正式展開敵對併購行動。預計以一股三千零八十一日圓的金額收購大戶屋的股份，目標取得過半數股權，將大戶屋納爲子公司。

同一時間，蜂擁而至的記者將大戶屋社長窪田健一團團包圍，面對記者的尖銳提問，他僅回答：「我們已經在檢討防禦措施，細節無可奉告。」

傳統手作和食餐廳 vs 效率化中央廚房企業

大戶屋為何會成為其他公司敵對併購的標的呢？

二〇一五年，創業老社長三森久實過世後，大戶屋的業績只能以日益衰退來形容。營業利益的下滑幅度年年擴大，由盈轉虧。令股東無不對大戶屋的未來感到擔憂。

和食餐廳大戶屋，一直以來

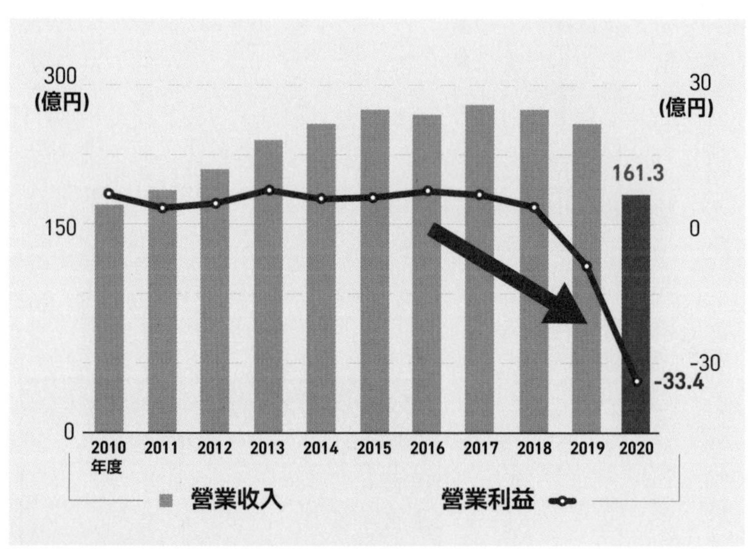

圖表 1 大戶屋的營業利益年年下滑

敵對併購
指併購方在未經被併購方公司經營層同意的狀況下，所進行的強制收購活動。併購方直接訴諸目標公司的股東，向股東們買取股份以取得控制性股權，最後獲取被併購方公司的經營權。

在日本走的都是平價大眾食堂的路線。秉著「以親民的價格、提供最用心的好料理」的精神，大戸屋拒絕採用其他連鎖餐飲業者廣泛導入的「中央廚房系統」，而是採取在各個分店，從原食材開始調理、現點現做的運作模式。從洗菜切菜到醃菜，從削柴魚片到煲高湯，所有的料理工作都是堅持在各自分店的廚房裡進行。他們將這樣的做法稱爲「店內調理」。大戸屋相信，只有「店內調理」才能提供給顧客最美味的、充滿心意的好料理。也因此，他們的品牌口號一直都是「ちゃんとごはん。大戸屋」——好好地吃一頓飯。

堅持著這樣的理念，一九五八年創業以來，大戸屋從一間池袋路邊的小食堂開始，至今在日本國內已有三百多間分店，海外加起來也有過百間的分店了。

然而，這幾年受到市場環境改變的影響，材料費、人工費急速上漲。維持「店內調理」所需要的成本日漸攀升，入不敷出的大戸屋只能持續地調漲餐點價格。不僅如此，比起其他餐廳，「店內調理」需要花費更多時間才能將餐點準備好、端到顧客面前。日本社會節奏快速，時間就是金錢。民眾去大戸屋吃飯，不僅價格昂貴、

大戸屋的分店數	（2022 年 12 月）
日本國內	302 店
美國	4 店
泰國	47 店
台灣	43 店
香港	5 店
上海	1 店
印尼	10 店
新加坡	3 店

圖表 2 大戸屋已是全世界規模的和食餐廳

等餐時間又長。大家開始覺得，大戶屋的 CP 值已大不如前、不願意再光顧。這就是這幾年大戶屋業績下滑的主因。

對照這樣的大戶屋，Colowide 是什麼樣的一間公司呢？

Colowide 的企業文化與大戶屋有著天壤之別。Colowide 走的是大規模量產、效率化經營的路線。最有代表性的策略，就是積極導入中央廚房系統，以此來壓低成本、提升出餐的速度。Colowide 認爲，對消費者來說，「店內調理」並沒有成爲大戶屋的核心價值。他們深信，現在大戶屋所面臨的各種經營課題，昂貴的食材成本、繁重的廚房工程、毫無競爭力的出餐速度，這些都可以透過引進中央廚房系統來改善。而且，這絲毫不會影響到餐點的品質。

數年來，Colowide 從旁觀察著大戶屋。他們認爲，若能從中干涉其經營，必能帶領大戶屋走上下一個事業巔峰。Colowide 在二〇一九年十月正式出手，毫無預警地收購了大戶屋約二十%的股份，成爲了最大股東。從那之後，Colowide 便以大股東的身分頻繁地對大戶屋發出各種改善業績的提案。他們認爲，時代與經濟環境變幻莫測，必須及早做出新的挑戰才能不被淘汰。

東京電視台的財經節目《蓋亞的黎明》（ガイアの夜明け）提供了一段

Colowide 準備進行併購時，集團董事長藏人金男的談話內容。

「我跟大戶屋說了無數次了。不管是在中央廚房調理還是在店內調理。只要安全安心又好吃，然後以相應的價格提供，在哪裡做菜不是都一樣嗎？堅持什麼『店內調理』，是要弄到天黑嗎？我之前去大戶屋吃飯，出餐眞的很慢，太不像話了。併購這種事，就是優勝劣敗。」

然而，儘管 Colowide 費盡唇舌，面對他們的提案，大戶屋的經營層始終態度堅決。大戶屋追求的是好比「家裡附近溫馨食堂」的餐飲體驗，而不是一個日式定食的量產工廠。同時他們也認爲，「店內調理」才做得出來的新鮮與美味，是大戶屋與其他定食餐廳的區隔重點。大戶屋的社長窪田健一接受媒體採訪時義正嚴辭地說：「店內調理是大戶屋的核心，也是我們跟顧客之間的約定。」

身爲最大股東的 Colowide 看著大戶屋聞風不動的態度，便開始思考，如何採取更進一步的行動來打破僵局。

僵持不下？那就將決定權交給全股東！

你可能會想問，大戶屋如果不能苟同 Colowide 的價值觀，視其爲「外敵」，那又爲何會讓其成爲自己公司的最大股東呢？這就要從大戶屋的「內亂」開始說起了。

二〇一五年大戶屋創業老社長去世之後，老社長的表弟，也就是時任大戶屋社長的「窪田健一」，便與老社長的長男「三森智仁」，形成了對立關係。主因是老社長去世後一個月，窪田健一即安排三森智仁赴任香港，擔任香港事業的部長。窪田健一表明，會做如此決定，是希望當時年僅二十七歲的三森智仁能夠藉此累積更多經驗。但三森智仁則對此提出強烈質疑：「爲什麼是這種時候叫我去？」兩人之間關係持續惡化，之後，三森智仁憤而辭掉了在大戶屋的工作，完全地離開了公司。

老社長過世後，三森智仁繼承了父親手上二十%的股份，離開公司時，他

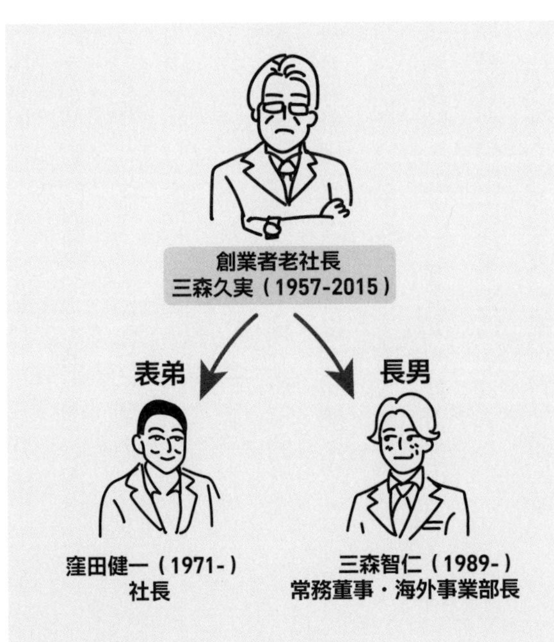

圖表 3 大戶屋的內亂從家庭紛擾而來

便將股份一併帶走了。然而，經營層並沒有將此事放在心上。一直到二〇一九年十月，大戶屋經營層才赫然發現，三森智仁已將手上所有的股份以三十億日圓的價格賣給了Colowide。他們這才驚覺大事不妙，無奈爲時已晚，Colowide一躍而上成爲了大戶屋的最大股東，開始積極出手干預大戶屋的自主經營。

Colowide三番兩次要求引進中央廚房無果，二〇二〇年四月，Colowide對外公布了一份正式聲明，宣布要在兩個月後的股東大會上發動議案，讓全股東們去做表決。議案中，Colowide以大戶屋現經營層無良好業績成效爲由，提案撤換人選，換上Colowide準備的人馬。他們強調，若大戶屋能由Colowide來主導經營，就可以打通兩者資源，不僅能導入中央廚房，還能削減物流成本，能帶來的好處多不勝數。並且也寫明，若本次議案表決成立，他們將會準備將大戶屋納爲子公司。

對於Colowide如此大動作，大戶屋窪田社長開了記者會表達強烈的反彈，並在兩個月後的五月二十五日，公布了最新的經營計畫。其中包含：強化行銷活動、關閉虧損店鋪、拓展加盟店、效率化料理工程等內容。並且強調，不用Colowide在議案裡寫的那些提案，大戶屋一定會靠自己的力量讓業績復甦。

二〇二〇年六月，股東大會正式舉行。大戶屋的股份有六十%以上都是由個

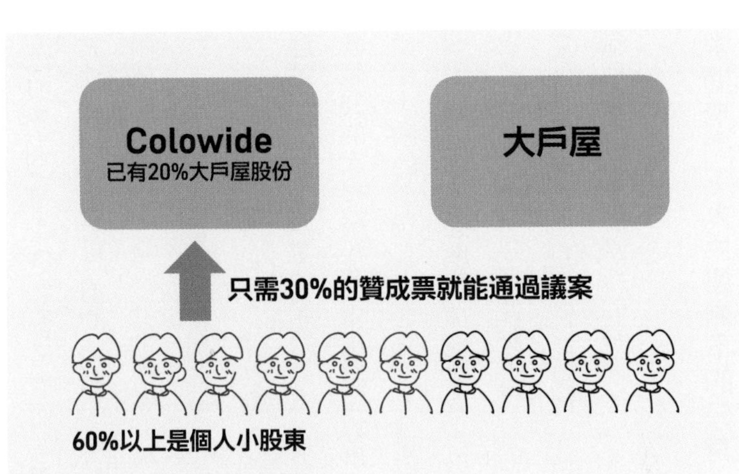

圖表 4 Colowide 被認為勝券在握

人的小股東持有，場上座無虛席、氣氛緊張。Colowide依照聲明內容在股東大會上提出議案，按照規則，當場進行表決。由於當時Colowide手上已經有將近二十%的股份了，表決時，只要有三十%的股東選擇贊成，議案就會生效。

當時在股東大會上，這個提案最後是成功地——被否決下來了。

表決的結果，贊成票並沒有過半。否決成立的瞬間，大戶屋漥田社長因爲放下心來，在大會上流下了男兒淚。然而，這不代表大戶屋的危機已經解除了，應該說，這才是開始。

Colowide在萬眾矚目之下吞下了一筆敗仗。兩周後，Colowide便展開了他們來勢洶洶的復仇行動。既然股東不站在我這，那我就把股份買下來，將大戶屋納爲子公司！Colowide 憤而對大戶屋發動了TOB（股票公開收購），正式地展開了敵對併購的行動。而日本媒體也以「Colowide 的百倍奉還！」這個聳動的標題，開始爭相報導這場日本餐飲業界史上第一樁的敵對併購行動。

爲什麼 Colowide 會如此堅持，非得要大戶屋不可呢？

主要原因在於，Colowide 旗下雖然知名餐飲連鎖品牌眾多，但卻都是以居酒屋或夜間營業的餐廳爲主。他們希望可以藉著拿下主打定食，中午時段也能賺錢的大戶屋，多角化自己的事業版圖。尤其是疫情開始之後，晚間會去居酒屋小酌的消費者少之又少，這對 Colowide 的業績造成嚴重的打擊，也使得他們對大戶屋態度更加地積極。另一方面，如果能打通 Colowide 和大戶屋的物流據點，就可以藉此壓低雙方的物流成本，大幅提升彼此的經營效率。除此之外，Colowide 也期待能獲取大戶屋在醫院或養老設施等供餐領域的專門知識與資源，來展開新的事業。

求助無門！大戶屋剩下的只有「動之以情」

TOB（Take-Over Bid，股票公開收購）

指併購方為了取得目標上市公司的控股權，依法向所有的股票持有人發出購買該上市公司股份的收購要約，並且按要約中規定的收購條件、收購價格、期限等事項去收購目標公司的股份。

這次的敵對併購，Colowide 計畫要在收購截止日期之前投入七十二億日圓的資金，以一股三千零八十一日圓的價錢去收購大戶屋的股票。這個金額是比當時大戶屋的股價兩千一百一十三日圓整整高出了一・五倍，也是這十年以來大戶屋的股價從來沒有達到過的數字。對股東們來說是非常具有吸引力的收購條件。

大戶屋開始一個一個給小股東們寫信，祈求他們不要將股票賣給 Colowide，同時也積極地對外尋找救援。一般面臨敵對併購的狀況下，被併購方會主動尋找願意提供協助的第三方公司來與併購方進行爭購，以增加併購方的併購難度，這個第三方公司也被稱爲白衣騎士（White Knight）。只可惜當時因疫情橫行，餐飲業苦不堪言，大家都無暇顧及他人。大戶屋四處奔走，依然找不到能夠爲他們伸出援手，願意拿出資金來與 Colowide 展開爭購的白衣騎士。

雖然四處碰壁，但大戶屋還是很積極地採取了一些行動，希望能做給股東看。比如說，他們好不容易找到了一間提供定期宅配有機蔬菜、無添加調理包服務的公司「Oisix」。雖然無法準備資金與 Colowide 爭

她講小辭典

白衣騎士（White Knight）

指企業在遇到敵對併購時，願意與該企業友好合作，進行善意收購的第三方企業。藉由善意收購，第三方企業可以提出更好的股票收購條件，抬高收購價格，造成競價收購的局面以增加併購方的併購成本。第三方企業為了善意收購，會需要投入大筆的資金。作為交換，被併購方公司通常會與第三方企業私下達成一些優惠條款，儘可能地使「白衣騎士」也能從中獲益。

購，但願意與大戶屋做業務上的提攜，展開新的事業。大戶屋當時能做的，就是一邊給股東們寫信，請求股東不要將股票賣給 Colowide；一邊對外發聲，表示將會藉由與 Oisix 的合作及更多的改革來持續改善業績。並且強調大戶屋一定會越來越好，希望大家成全，維持大戶屋獨立自主的經營。

除了經營層的行動，大戶屋的員工也派代表出來開了記者會。表示已經組成了一個志願者工會，以員工的立場來呼籲股東，千萬不要將股票賣給 Colowide。同時他們也強調，如果大戶屋被納入了 Colowide 旗下，大家將會一起離職。員工代表說，以「店內調理」的方式來提供美味、真心的料理給顧客，這些一直以來的價值若被否定，那待在大戶屋工作就毫無意義了。經營層和員工總動員，在這段期間中四處奔走，希望能夠守住自己的公司。

我們該如何看待大戶屋併購案的結果

二〇二〇年九月九日，股票公開收購截止日期的隔天，Colowide 對外宣布，大戶屋的敵對併購結果是——成立了。Colowide 成功的從股東們手上買到了將近二十八%的股份，再加上他們原先就有的二十%，Colowide 正式取得了大戶屋的完整支配權（Colowide 採用的是 IFRS 國際會計準則，在其規定下，Colowide 無須取得五十一％的股份，也能得到選任我方人馬爲董事等實質支配之權利，將其納爲子公司）。大戶屋的經營層和員工的防衛作戰最後是以失敗告終。面對此結果，大戶屋的窪田社長略顯憔悴地說：「我們已經盡力向股東們說明了對店內調理的堅持，面對這樣的結果，我們只能坦然接受。」

Colowide 成功併購大戶屋後，馬上就請求舉行臨時股東大會，目的要解任現任社長以及董事，將其撤換成 Colowide 方準備的七名人選。大會當天，Colowide 董事長的長男藏人賢樹被選任爲大戶屋的新社長。面對台下的股東們，他自信滿滿地說道：「接下來，新經營層將會重新建構大戶屋，扭轉業績。」

Colowide 提出的新董事的名單裡有一個熟悉的名字，那就是——三森智仁，本節

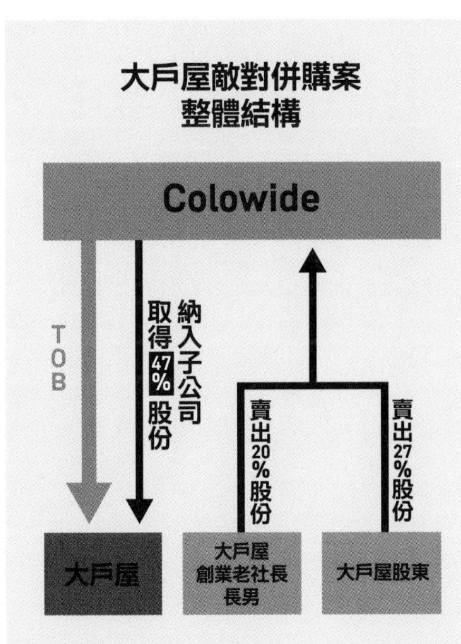

圖表 5 敵對併購案宣告成立

前段提到的大戶屋創業老社長的長男。接下來他將會與 Colowide 一起負責大戶屋的經營。三森智仁在接受電視節目訪問時，侃侃而談他對大戶屋接下來的理想與抱負，這也引起了日本網友們熱烈的討論。有人拍手叫好，認為這次的敵對併購簡直就是三森智仁的「王子復仇記」！也有人提出質疑，三森智仁身為創業者的兒子，將父親的公司拱手讓給了企業理念大相逕庭的競爭對手，令人搖頭。

日本餐飲史上第一樁敵對併購案，至此正式落幕。重新審視此案，筆者不禁想，大戶屋的敵對併購案，正義本應屬於哪一方呢？

很多人認為，Colowide 的態度高壓，手段過於強硬；也有很多人擔心，再也吃不到大戶屋用心調理的美味好料理。當然上市公司，股權戰爭是沒有對錯的。在這裡，我們可以換個角度想：Colowide 對大戶屋來說，也許是必須的猛藥。

大戶屋業績在二〇一六年開始就持續下滑，不斷失去顧客的支持，卻沒有祭出有效的政策。就算這次的併購沒有成立，是不是也很難期待可以看到大戶屋重新在市場上打出自己的一片天？二〇一五年，三森智仁離開公司時，如果大戶屋的經營層在當時就有股權的危機意識，積極處理的話，結果會不會不一樣？被 Colowide 併購下來的大戶屋，首先要面對的是員工的離職潮，加盟店的退出與各種企業文化上的融合問題，但是兩者的資源相互打通、效率提高，我們是不是有機會能看到大戶屋好久不見的營業利益正成長？

期待有一天，以前那個高ＣＰ值的大戶屋會回來與大家見面。

1.2
飛龍文具 VS 國譽
——業界龍頭的猛烈攻勢，飛龍文具的背水一戰

被併購方		飛龍文具株式会社 PENTEL CO., LTD.
創業年月		1946 年
併購案發生當時(2018 年度)	營業收入	403 億日圓
	員工數	3,057 人
主要業務		文具的開發製造，其中又以簽字筆、自動筆等書寫用品最有優勢。

併購方		國譽株式会社 KOKUYO Co.,Ltd.
創業年月		1905 年
併購案發生當時(2018 年度)	營業收入	3,151 億日圓
	員工數	6,784 人
主要業務		文具、OA 辦公家具的開發製造以及辦公室設計規畫服務。在文具領域的主力商品屬筆記本等紙製品。

二〇一九年十一月十五日，日本文具業界的龍頭企業國譽（KOKUYO）正式對外發表聲明，將公開收購飛龍文具（Pentel）的股票，目標取得過半股權、將其納入旗下。國譽雖事前有與飛龍文具進行交涉，但並沒有達成共識。談判破裂後，國譽不願放棄，才正式對飛龍文具展開了敵對併購。

飛龍文具創業七十

多年來，一直維持著獨立自主的經營，現在卻突然陷入了落他人之手的危機，經營層與員工們都忿忿不平、難以接受。

日本的國譽 vs 世界的飛龍

從圖表1我們可以看出在日本的文具業界中，國譽可說是絕對的王者。其主力商品Campus筆記本，年平均銷售數量達到一億本。在日本，從學生到上班族、幾乎是人手一本。財務體質良好的國譽，也專注於在產品開發上的挑戰與創新。他們於二〇〇九年推出的無針釘書機，爲文具業界投下了一顆震撼彈，至今仍有十足的影響力。

另一方面，飛龍文具則是排在業界第六名，營收僅有國譽的八分之一。相對國譽，只能算是一個中小企業的飛龍文具，爲何會

2018年度
日本文具業界營收排行榜

排名	營收
1. 國譽	3,151億
2. PLUS	1,772億
3. PILOT	1,040億
4. MAX	701億
5. 三菱鉛筆	624億
6. 飛龍文具	403億

圖表 1 國譽的營收規模是飛龍文具的 8 倍

成爲其敵對併購之標的呢？

國譽雖然是日本文具大王，但範圍僅限日本國內。二〇一八年，國譽的海外事業在營收的占比只有七％。相較之下，飛龍文具的海外事業之成功，只能用風生水起、有聲有色來形容！

一九六四年，飛龍文具的創始人堀江幸夫爲了給大量的不良庫存找銷路，千里迢迢去到了美國芝加哥。他在文具國際展覽會上，吆喝著當時他會的唯一一句英語「Sign pen, very good!」並且將自家的簽字筆免費發給了路過的每一位客人作爲宣傳。就這樣，飛龍文具的簽字筆從芝加哥出發，最後輾轉落到了當時白宮發言人的手上。剛好，時任美國總統的林登．詹森（Lyndon Baines Johnson）與這位發言人借筆簽署公文，詹森一試成主顧，特地吩咐部下從日本追加訂購了二十四打。從此以後，飛龍文具的簽字筆便以「總統在國情咨文的簽名用筆」之名，在美國一炮而紅。不僅如此，飛龍文具的簽字筆因爲在無重力空間下也能寫字，也在一九六六年被 NASA 萬眾矚目的載人航天飛行計畫「雙子星計畫（Project Gemini）」指定成了官方用筆。飛龍文具的簽字筆就這樣又獲得了一個「去過外太空的筆」的名號，打響了在全世界的知名度。

以此為起點，飛龍文具的書寫用品開始暢銷世界。就如同各位讀者們所熟悉的一樣，在台灣，飛龍文具的自動鉛筆、製圖鉛筆、鋼珠筆、橡皮擦都有極多支持者。飛龍文具四百多億日圓的年銷售額中，有六十六％都是來自海外事業的業績。國譽這次會展開敵對併購，目的就是希望能得到飛龍文具在海外市場的資源。

二〇一〇年代開始，日本的少子化以及數位化深深打擊了文具市場。產業龍頭國譽受到的影響尤其嚴重，文具事業的業績持續低迷，於是他們便把眼光看向了海外市場。一邊攻略海外的同時，一邊也決定要拓寬文具事業的範疇，將自家的主力商品從筆記本等紙製品，延伸到書寫用品等新領域。國譽在二〇一八年發表的中期經營計畫中提到，他們目標在二〇三〇年時使海外、新領域的營收達到一千五百至兩千億日圓。而飛龍文具，當然就是他們經營策略中的重要角色了。

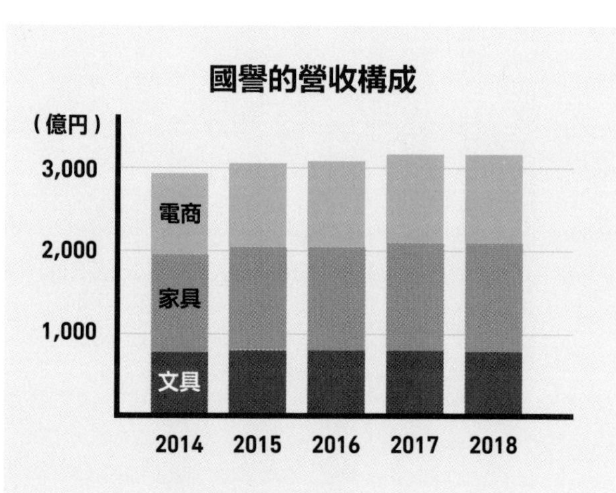

圖表 2 國譽的文具事業毫無成長跡象

被驅逐的王子與乘隙而入的國譽

國譽傾心於飛龍文具，想利用其優勢與之聯手拓展事業，大可直接與飛龍文具洽談，並不一定要採取敵對併購如此極端的方式。會演變至此，還得回溯至二〇一二年，飛龍文具的社長如何被董事會開除說起。

二〇一二年，飛龍文具已是由創業老社長的孫子，堀江圭馬社長掌舵。上任後，他便積極推動各種改革，希望能多方著手改善經營狀況。而其中最重要的項目就是「長江後浪推前浪」。他希望能撤換經營層裡已達退休年齡的董事，把位置空出來，讓年輕人能有發揮的空間。於是他便將此事安排在了董事會的議程上。沒想到的是，董事會當天，卻多了一項他毫不知情的議題——讓現任社長下台。董事們以公司經營狀況不佳、社長並不適任爲題，反過來發起動議。最終多數決成立，堀江圭馬就這樣被當時的經營層驅逐了出去。

雖然已不是社長，但他手中仍握有從家族繼承下來的三十八%股份。他也曾努力重返公司，可數次嘗試無果後，便徹底放棄了。二〇一八年一月，他將手上所有飛龍文具的股份以一股二千日圓，總額七十億日圓的價格賣給了日本的投資管理公司 Mercuria。Mercuria 便將這三十八%的股份放在旗下的有限合夥公司來管理。

飛龍文具並非上市公司，所以其股份的買賣是需要經由董事會承認的。堀江圭馬將手上的股份轉手時，當然也少不了交涉。當時的經營層也不樂見將近四成的股份依然由前任社長掌握，於是便答應了股份轉讓一事。

堀江圭馬離開公司後，新社長和田優上任了，他期許著能帶領著飛龍走出不一樣的路。他積極與文具業界第二名的 PLUS 公司交換資訊，希望能與其攜手合作。PLUS 雖然營收達到一千七百二十二億日圓，但其實除了修正帶以外，其他表現都中規中矩，並沒有鶴立雞群的明星商品。PLUS 也期待能與飛龍文具互通有無，活用彼此的強項，共同打出一片天。就這樣，二〇一九年初，已與飛龍文具在檯面下達成協議的 PLUS 對 Mercuria 提出，希望能以一股兩千七百日圓買下飛龍文具二十%左右的股份。這樣一來，對飛龍文具來說，不僅可以把創業一族流失出去的股票買回至「自己人」手上，還能與 PLUS 結爲連理，實現資本合作關係。

兩千日圓買進，在一年後以兩千七百日圓賣出，雖能實現三十五%

她講小辭典

有限合夥公司(日文：投資事業有限責任組合，英文：Limited Partnership)

在台灣，有限合夥是二〇一五年，經濟部的有限合夥法施行後才出現的企業型態。有限合夥具有獨立法人格，其中又分為普通合夥人(經營者)以及有限合夥人(投資者)。有限合夥人如公司股東一般，未實際參與經營，並僅就其出資額負有限責任。

的投資報酬率，但對 Mercuria 這樣的大型投資公司來說，當然希望能獲取更多利益。也就是在此時，Mercuria 主動聯繫了業界龍頭國譽，詢問他們有無意願收購飛龍文具的股份。正苦於文具事業遇到瓶頸的國譽接到連絡大喜，馬上表示願意加碼、以一股三千日圓的價格買下 Mercuria 手上所有的股份。

然而，事情當然沒有如此單純。買賣飛龍文具的股票是需要經由飛龍文具董事會承認，不是 Mercuria 單方面可以說了算的。但已與 PLUS 私訂終身的飛龍文具怎麼可能會答應呢？對飛龍文具魂牽夢縈的國譽便與 Mercuria 開始謀畫，不需要董事會承認，也能間接支配飛龍文具的方法。

二〇一九年五月，Mercuria 無預警宣布，已將旗下用來管理飛龍文具三十八％股份的有限合夥公司轉讓給了國譽。國譽買下了有限合夥公司裡所有合夥人手上的出資額度，成爲了該公司的實質支配者。換言之，國譽成功透過這間有限合夥公司掌控了飛龍文具三十八％的股份，間接地變成了飛龍文具最大的股東。

國譽強勢入主，飛龍暗通款曲

突然接到消息的和田優社長勃然大怒，員工們看到媒體報導也都議論紛紛，擔心飛龍文具是否將會變成國譽的子公司。當天，社長緊急召集了所有員工，強調：「這次完全是 Mercuria 以及國譽單方面的行爲，飛龍文具宛如晴天霹靂！無論如何，一定會繼續維持公司的獨立經營。」

飛龍文具當然有去跟 Mercuria 討公道，但 Mercuria 表示：「我們只是將有限合夥公司的出資合夥人換成了國譽，飛龍文具的股份還是在有限合夥公司名下並沒有更動。我們已經有諮詢過權威律師事務所，這並不違法。」和田優社長雖怒火中燒，卻也束手無策，只能發表聲明譴責。飛龍文具對 Mercuria 以及國譽產生了極大的不信任感，除了兩者不顧其意願突然強迫賣身以外，他們努力與 PLUS 建立的良好關係與合作計畫也在一夜之間灰飛煙滅。對此 PLUS 雖能諒解與同情，但木已成舟。既然飛龍

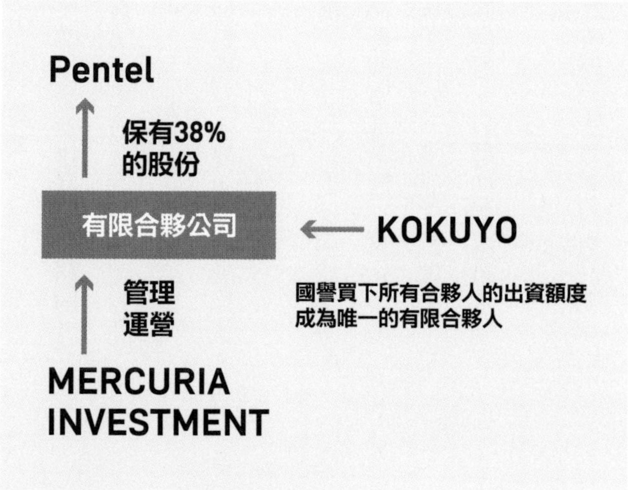

Pentel
保有38%的股份
有限合夥公司
KOKUYO
國譽買下所有合夥人的出資額度成為唯一的有限合夥人
管理運營
MERCURIA INVESTMENT

圖3 國譽間接成為了飛龍文具最大股東

文具現已由大股東國譽掌控，PLUS 也再無辦法，只能與其保持距離。

那之後，國譽便開始對飛龍文具展開各種合作協議，並積極安排互相視察對方的工廠等等。正當外界認爲，飛龍文具與國譽關係如此惡劣，兩者之間想必很難有任何實質合作之時，二〇一九年九月，飛龍文具董事會宣布，他們已同意讓國譽買下飛龍文具的股票。國譽不再需要透過有限合夥公司，而是搖身一變，直接成爲了飛龍文具的最大股東。

飛龍文具社長在二〇二〇年七月接受《週刊東洋經濟》專訪時針對此事給出了說明：「雖然我們不信任國譽，但事已至此。在思考如何持續增進飛龍文具企業價值之時，我們認爲一直與國譽賭氣、乾瞪眼也沒有任何意義了。」飛龍文具做出了讓步，希望能夠藉此對國譽釋出善意，創造事業上的正向發展。只是他們萬萬沒想到，這次的行動等於是爲日後埋下了禍根！

二〇一九年十月，在國譽總部辦公的黑田英邦社長，收到了一封沒有註明寄件人的密告書，內容寫道，爲了防止國譽在日後買下飛龍文具過半數的股份，飛龍文具正在與 PLUS 協議，讓 PLUS 買下飛龍文具的部分股份。兩周後，黑田社長又收到了第二封信件，裡頭清楚載明了 PLUS 收購飛龍文具股份的每道手續與時程。

十一月十一日，國譽的經營層帶著這兩封密告書去到了飛龍文具總部，質問社長其眞僞。飛龍文具回答模糊，並未明確否認。國譽當場便要社長簽下誓約書，要飛龍文具保證絕不會與第三方進行資本合作。面對如此手段，飛龍文具當然拒絕簽字。國譽認爲遭到了背叛，也擔心若 PLUS 入股飛龍，國譽將再無機會將飛龍文具納爲子公司，於是便在四天後的十一月十五日召開了緊急記者會，宣布直接敵對併購飛龍文具！

密告書是誰寫的，至今不得而知。但我們可以看出，飛龍文具雖對國譽釋出善意，但對強硬空降的最大股東國譽，飛龍文具從未眞心信任，也不願眞正與之進行本質上的互惠合作。有一次就有第二次，飛龍文具更擔心的是，會不會在未來被國譽完全吸收、吃乾抹淨，所以才私下拉攏 PLUS 想與之制衡。沒想到，飛龍文具自己公司內部意見出現分歧，讓對方得到密告。事已至此，飛龍文具只能迎擊，與國譽展開全面戰鬥了。

白衣騎士登場救援，國譽以財力強硬反擊

併購聲明發布時，國譽因手上本來就已有三十八％的股份，這次公開收購只要

再取得十二%就能夠輕鬆過半，將飛龍文具收入旗下。對財力雄厚的國譽來說，買下飛龍文具十二%股份所需要的資金——三十八億日圓只能算零頭小錢。大家都認爲，國譽是勝券在握了。

拚死也要一搏的飛龍文具再次轉向了 PLUS，希望他們出手相救。PLUS 擔心得到飛龍文具後的國譽一人獨大、壟斷日本文具市場；也認爲向來關係良好的飛龍文具有難，雪中送炭理所當然；再加上併購案發生前，PLUS 本就有計畫入股飛龍文具，於是便同意當飛龍文具的白衣騎士。

飛龍文具與 PLUS 並肩合作，他們採取的作戰策略是，PLUS 同時進行公開收購，與國譽爭奪飛龍文具的股份，藉此阻止國譽收購過半。他們也訂下了收購股份至三十三．四%的目標，因爲過三分之一，就能擁有在飛龍文具重要經營項目的單獨否決權。如此一來，就算國譽眞的取得過半，在飛龍文具的重要經營決策上，PLUS 還是能制衡國譽。

飛龍文具的股東幾乎都是飛龍文具的現任員工、已退休員工，或是與飛龍文具關係緊密的企業。國譽訂下的股票收購金額，是一股三千五百日圓。而 PLUS 也依樣畫葫蘆，訂下了同樣的金額。在利益上沒有差別，變成股東們必須自行抉擇，是要賣給業界第一名的國譽，還是要支持飛龍文具的反抗作戰，賣給白衣騎士PLUS。飛龍文具並非上市公司，股東名冊沒有公開。國譽掌握不到股東名單，無法私下去說服股東轉售股份給他們，才採取了公開收購的方式，目的就是讓有意出售的股東主動與他們聯繫。不然，一般來說，若被併購方的股票沒有上市，收購股份是可以私下進行的。

看到這裡，讀者們可能會有疑問，買賣飛龍文具股票，不是需要董事會的承認嗎？若有股東將股票賣給國譽，董事會只要否決不就沒事了嗎？確實是如此。但國譽也不是省油的燈，國譽在跟股東交涉時，會請股東簽下委託書，以取得該股東在股東大會的投票代理權。一旦國譽收足十二％股份的代理權，他們只要召開臨時股東大會，動議使現任經營層全數下台，換上自己的人馬，再做個形式，使新董事會承認股票轉讓，就大功告成了。

飛龍文具在國譽展開敵對併購行動後，除了私下走訪股東們以外，也給大大小小每一位股東都寄出了正式的信函，努力勸說他們不要將股票賣給國譽。爲了準備這些信函，飛龍文具甚至還出動了當時已高齡九十八歲的前社長水谷壽夫，附上其親筆簽名。沒想到，信函寄出的隔天，國譽也做出了反擊。國譽把一股三千五百日圓的收購金額提升至了三千七百五十日圓。比較下來，若股東手上有一萬股，賣給 PLUS 等於就是當場少賺兩百五十萬日圓。國譽在自己公司的官方網站上寫道，本公司已經接到多位來自飛龍文具股東的聯繫，他們都贊同我們這次的行動。頁面下方寫明了收購金額的三千七百五十日圓，並註明「只要您將股票買賣契約書交給我們，我們會儘快付錢給您」。同一時間，國譽的社長在接受記者採訪時也自信地提到，若成功取得過半數股份，將會全數撤換現任飛龍文具的經營層！

狀況對飛龍文具已經非常不利了，但令人無法置信的是，一周後國譽又再次發出了聲明。他們宣布將把一股三千七百五十日圓的收購金額，再次拉升至四千兩百日圓，同時將公開收購的期限從原本的十二月十五日縮短至十二月九日。從這裡我們可以感受到國譽想用雄厚

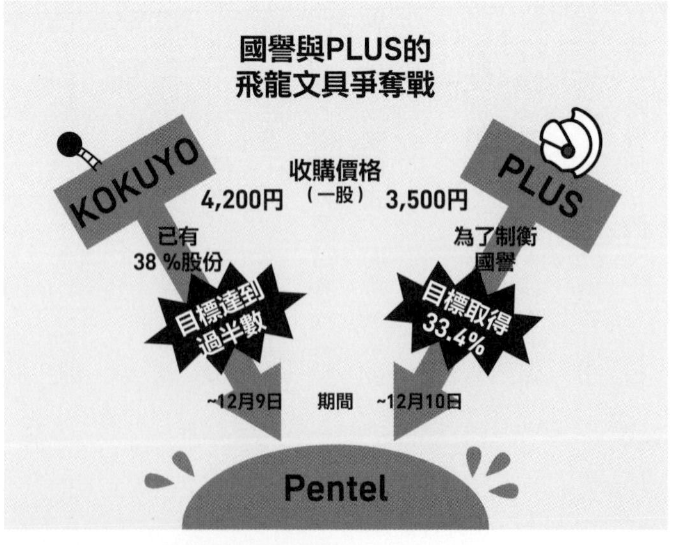

圖表 4 飛龍文具股票爭奪戰越演越烈

的財力與 PLUS 速戰速決的決心。對國譽來說，將收購金額拉升至一股四千兩百日圓，就等於是把本次行動需要的三十八億日圓資金提高到至四十六億日圓。股場就是戰場，而財力就是最強大的武器，外界都看好國譽，大家都認爲，飛龍文具這次恐怕是凶多吉少了。

飛龍文具與 PLUS 的合作陣線財力有限，不能動之以利，只能動之以情。飛龍文具四處奔走，拜訪日本全國的股東們並努力勸說：「公司命在旦夕，請大家支持飛龍文具。」飛龍文具的股東約有三百四十人，直至收購截止日期將近之時，飛龍文具清查後發現，現任經營層、員工們、再加上已清楚表明站隊飛龍的大股東們，股份加總起來只有三十%。甚至不及國譽手上原先已有的三十八%。情勢對飛龍文具非常危急，分析師都大嘆，畢竟實力相差太多，飛龍文具被併購已成定局了。

股場也講人情義理？意想不到的大結局

十二月十二日，國譽發表正式聲明，他們手上的股份共有四十五・六六%。國譽的併購計畫正式宣告——失敗。而 PLUS 最終從兩百名股東手上買到了飛龍文具的股票，加總達三十%。再加上飛龍文具經營層、員工們手上的二十%，飛龍文具

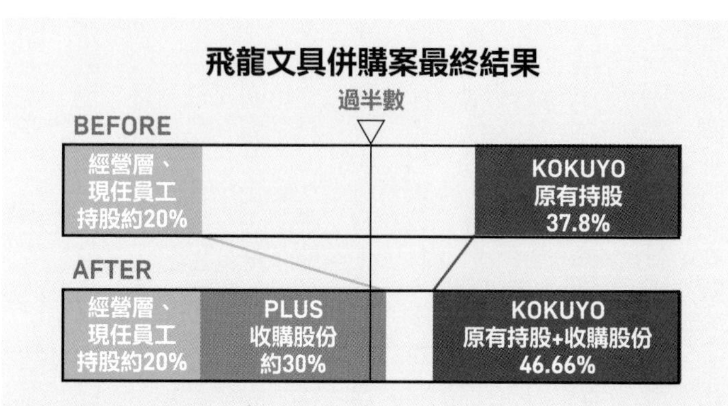

圖表 5 飛龍文具防守成功

與 PLUS 的合作陣線最終成功了守住了五十％的門檻。

結果出乎了多數人意料，而媒體也不斷分析，究竟是什麼造成了國譽的失敗？

這次的經營權爭奪戰，最重要的票倉就是飛龍文具的退休老員工們。輿論認爲，高齡長輩都會想趁機將手上的股份換個好價錢，當老年年金、或是傳給後代。就算有所猶豫，一股四千兩百日圓如此有魅力的價格，一定也能推他們一把。但最後，國譽只取得了八％；比國譽一股便宜了七百日圓的 PLUS 則取得了三十％，飛龍文具打了一場漂亮的勝仗。針對此事，他們在聲明中寫道，「我們深信，飛龍文具大多數的股東都不在意金錢的多寡，而是對飛龍文具一直以來追求的價值觀有所共鳴，認同飛龍文具的存在意義，所以才有這樣的結果。」

網路上也有許多關於本次併購案的討論，部分指出，國譽想僅靠砸錢來解決問題的做法，令人不以為然。同時，國譽在併購過程中高調地表示將會撤換全數經營層，這樣的舉動也也並不賢明，反而會使得立場中立的股東轉而同情飛龍文具。國譽顯然是對這次的併購案太有自信了，才會在結果未定前就大肆張揚。

若飛龍文具是上市公司，那麼國譽能成功的機率也許就會高出許多。畢竟，在上市公司誰都能當股東的遊戲規則裡，比起人情義理，企業的價值或股東的利益才是最重要的。國譽上市已超過半世紀，思考模式已被資本市場的論理所滲透，自然而然也將其代入了在這次的併購案中。只是他們沒想到，比起經濟效益，飛龍文具的股東們會選擇人情。國譽的併購雖然失敗，但也已是手握四十六%股份的最大股東，他們大可以選擇發表動議、撤換社長等經營層；又或者是再多方交涉，繼續籌出那剩下的四%股份。只是經過這次，國譽在日本社會已經被貼上了高壓強硬的標籤，再做出更多助長此一形象的激烈舉動，恐怕國譽的股東也不會同意，畢竟國譽還有自己的品牌形象需要守護。

兩年後的二〇二二年九月，日本媒體報導，國譽已將手上飛龍文具的股份全數賣給了PLUS，PLUS手上的股份也因此將近八成。這兩年來，國譽以最大股東的身分，持續推動與飛龍文具的合作，但想當然並沒有太多實質成果。國譽也理解，兩大股東形成如此不健全的對立關係，不是什麼好事，也不值得再多花時間，於是便同意放手。爭奪戰畫下了休止符，PLUS也正式將飛龍文具納爲了子公司。PLUS強調，雖然飛龍文具已在旗下，但今後會持續尊重飛龍文具在經營上的獨立性。未來，兩間公司會加強在製造開發、國內外各個事業領域上的合作，並且拓展出新的事業。

1.3 夏普 VS 鴻海

——夏普為何放棄日本政府，投奔鴻海？

被併購方		夏普株式会社 Sharp Corporation
創業年月		1912 年
併購案發生當時 (2014.4-2015.3)	營業收入	2 兆 7,862 億日圓
	營業利益	負 480 億日圓
員工數		4 萬 4164 人(2015 年 12 月)
主要業務		液晶面板、家用電器的生產製造

併購方		鴻海精密工業
創業年月		1974 年
併購案發生當時 (2015.1-12)	營業收入	15 兆 8,253 億日圓
	營業利益	5,800 億日圓
員工數		100 萬人(推算)
主要業務		智慧型手機等電子機器的代工製造

二〇〇〇年代初期，是夏普的巔峰時期。當時的夏普，在各個事業領域上都有相當亮眼的表現。其中又以液晶電視品牌AQUOS和太陽能電池的成績最爲出色。液晶電視的銷售數勢如破竹，太陽能電池也擁有世界第一的市占率。二〇〇七年，夏普的片山幹雄社長做了一個影響公司往後命運的重大決策。他決定要投下四千億日圓的資金，在大阪建造一個世界規模最大的液晶面板、及太陽能電池的新工廠。

從夏普二〇〇七年度的財務報表上我們可以看出，當時他們的營收高達三兆四千一百七十七億，營業利益則超過一千八百三十六億日圓。當時的夏普，已經連續五年在銷售數字上屢創歷史新高了。在業績長紅的狀況下，社長會決定投下四千億日圓建造新工廠，就是希望可以乘勝追擊，期待能藉由液晶面板與太陽能電池，繼續將夏普的事業推上另一個高峰。

然而，夏普的賭注，卻沒有得到正面的結果。爾後液晶面板和太陽能電池的市場價格開始大幅下滑，其原因在於世界各國大廠激烈的價格競爭。夏普旗下的各大主力商品被以韓國三星（Samsung）爲首的列強打得節節敗退，財務狀況也隨之惡化。二〇〇八年度，夏普吃下了其股票上市以來第一個營運赤字。財務危機一步步逼近，敗下陣來的夏普卻遲遲未能找到有效的突破口。二〇一一年度，夏普宣布當期淨損達到三千七百六十億

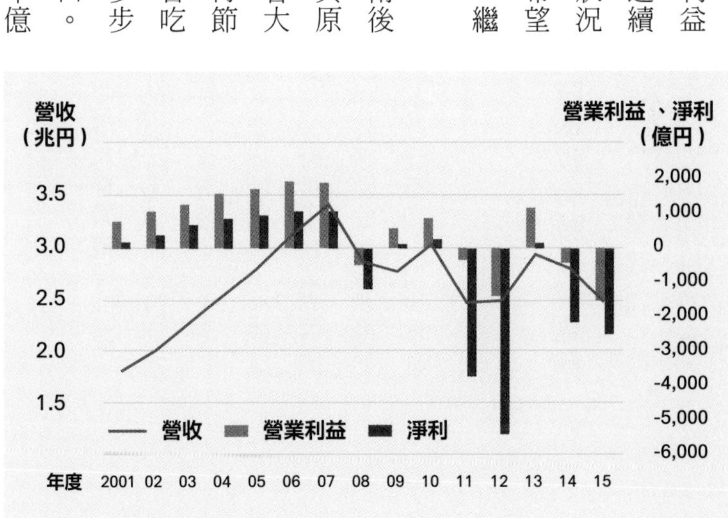

圖表 1 2008 年度是夏普經營的分水嶺

日圓，巨額虧損讓投資人倒吸了一口氣。不等投資人喘過氣來，隔年夏普就又宣布，赤字額已擴大到了五千四百五十三億日圓。

其實早在此時，鴻海就曾想過入股夏普。但後來因爲股價及經營權等問題，在最後關頭失之交臂。沒能拿到鴻海援助的夏普，只能不停地進行大規模裁員等措施來挽回經營。只是都未能帶來眞正有效的改善。二〇一五年，夏普裁了三千多名的員工，並且對剩下的一萬七千多名員工們舉辦了「自家商品愛用運動」。他們開了一個針對員工的特賣網站，要求管理階層要買到十萬日圓、一般員工要買到五萬日圓。同時，走投無路的夏普也開始拋售在大阪的本社建築和土地等不動產。

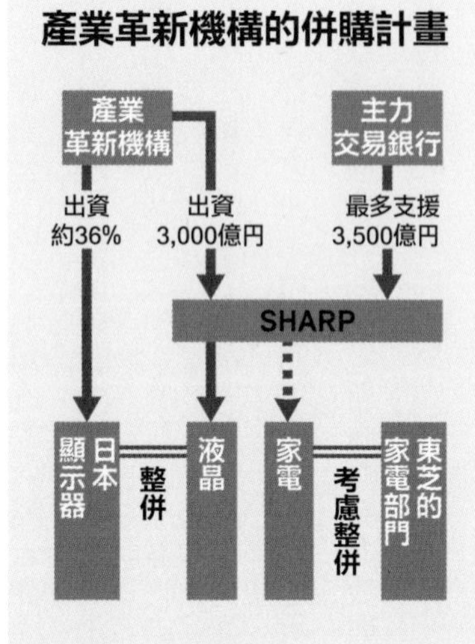

圖表 2 產業革新機構提出的併購條件

倒閉危機！日本政府願接手夏普

二〇一六年一月，投資公司「產業革新機構」正式表明願併購夏普。併購計畫中寫道，如果夏普同意與他們攜手，他們將願意出資三千億日圓、同時要求銀行爲夏普準備上看三千五百億日圓的金融支援。若併購成立，做爲經營改革的一環，他們會將夏普長年業績不振的罪魁禍首——液晶部門從夏普裡面拆分出來，使其歸至於日本顯示器（Japan Display Inc.）的旗下。同時，他們也計畫另外出資買下東芝（Toshiba）的家電部門，將其與夏普的家電部門合併。

產業革新機構究竟是何方神聖？爲何有如此的財力及影響力，能提出這樣的條件呢？

產業革新機構是一個由日本經濟產業省（相當於台灣的經濟部）與數十間民營企業合資成立的投資公司。日本政府成立此機構，目的就是希望能透過官民合作來保護本國技術產業、促進產業整合，進而提升日本的國際競爭力。

雖然名義上寫的是官民合作，但其實，產業革新機構的資金來源有九十%以上都是來自日本政府；也就是日本國民的稅金。產業革新機構最主要的業務，就是妥善運用這些稅金，爲握有領先技術的日本企業提供資金、穩定其經營；最終達到安定日本經濟、防止關鍵技術外流的效果。

日本政府希望能夠藉由併購夏普，重整已經走了好幾年下坡路的日本電子產業。同時他們也認為，只要能除去液晶部門這個沉重的包袱，夏普就可以回歸原點，致力於家電領域。如果夏普與東芝兩間大廠的家電部門合併成功，結合了夏普的產品開發能力和東芝的優質馬達技術，兩大企業一定可以再次復活、邁向世界。

自從產業革新機構決定要收購夏普之後，日本媒體便展開了鋪天蓋地的報導。日本政府對這次的併購案態度十分積極，為了透過這次機會達成整合日本電子產業的大業，政府非常主動地放消息給各大媒體、觀察輿論的反應，期待能將產業革新機構併購夏普一事塑造成既定事實，順利成章地買下夏普。

然而，事情的發展並沒有像日本政府想得那麼順利。一月三十日，鴻海集團也對夏普正式表明了併購意願。此後，狀況急轉直下。才不到一周的時間，日本媒體就都開始報導——夏普決定優先考慮與鴻海進行協議。

半路搶親！鴻海如何扭轉局勢

鴻海究竟是開出了怎麼樣的條件，將情勢逆轉過來了呢？

首先，就是鴻海提出七千億日圓的併購資金。鴻海一出手，產業革新機構的三千億日圓瞬間就顯得矮小許多。二〇一六年一月三十日，剛與夏普洽談完併購一事的鴻海集團董事長郭台銘在關西機場接受了媒體的訪問，他神采洋溢地說：「這就是我們的財力。我們兩者之間的覺悟是截然不同的（報導原文：これは我々の資金だ。覚悟が違う）。」以資金的角度來說，立足在國民稅金的產業革新機構當然無法與鴻海相提並論。

除了財力，郭台銘也提到，絕對不會對被產業革新機構視爲包袱的液晶部門做出拆分、轉讓的行爲，一定會努力在最大程度上維持夏普的整體性。郭台銘表示，將公司分割得支離破碎，害得員工們要四處奔走，分散到不同地方，這是他最不樂見的。同時他也提到，夏普的年輕員工都非常優秀，我保證一定會繼續雇用現任年輕員工，不會隨便裁員。

《日本經濟新聞》在二〇一六年二月五日的報導中採訪到夏普內部參與此事的員工，該員工說：「完全不在同一個級別。在看到郭台銘自信滿滿的演講之後，夏普的社外董事們都紛紛開始轉而支持鴻海。」

當時夏普的社長高橋興三受訪時表示，產業革新機構提出分割液晶部門、與東芝的家電部門做整合，老實說，這些內容實在是令夏普難以接受。夏普並不希望公司分崩離析，也毫無意願與其他公司攪和在一起。鴻海不對部門挑三揀四，而且願意以極高的價格將夏普完完整整買下來。這對當時的夏普來說，實在是非常有魅力的提案。

除了財力、組織架構與雇用計畫以外，併購能帶來的協同效應，也是夏普選擇時的重要考量。郭台銘先生強調，夏普的技術實力、品牌，再加上鴻海的生產能力，能產出的協同效應不容小覷。從家電到手機再到半導體，夏普與鴻海合作起來，一定可以孕育出一個最強的團隊，讓夏普在全球市場中重新找到自己的位置。

這段話切切實實地說進了夏普的心坎裡。比起拿日立（HITACHI）、索尼、東芝的液晶部門去統合出來的日本顯示器，或是東芝的家電部門，跟鴻海合作的藍圖，讓夏普看得更廣、更遠。對數年來因經營危機而一直焦頭爛額的夏普來說，那好久不見的「對未來的期待」終於再次湧上心頭。

銀行神助攻，鴻海成功併購夏普

鴻海將夏普分析地透透徹徹，贏得了夏普的芳心。但其實，併購案會

協同效應（日文：相乗効果）

指企業在併購完成後，公司的經濟效益會較其獨立經營時高。協同效應可以來自很多方面，例如大量採購降低成本、業務整合減少員工。垂直整合型的併購則可以強化供應鏈，改善作業調度或節約交易成本。

順利拍板，背後還有一個不能忽略的存在，那就是——銀行。併購案發生的當時，夏普積欠的債務已經高達了七千億日圓之多。這些融資，是由三菱UFJ以及瑞穗（Mizuho）兩間銀行提供的。

產業革新機構擬定的併購計畫中提到的：「要求銀行爲夏普準備上看三千五百億日圓的金融支援」，意思就是要求夏普的融資銀行實質上放棄約三千五百億日圓的債權。原因在於，產業革新機構的資金，就等於是國民的稅金。如果拿國民的稅金直接了當地去幫特定的民間企業償還債務，可想而知，日本政府將會受到輿論猛烈的撻伐。產業革新機構表示，夏普的巨額債務利息負擔太過龐大，是夏普再出發的絆腳石，希望銀行可以具備日本總體經濟的大局觀，乾脆地放手。

併購案發生的半年前，爲了支援搖搖欲墜的夏普，兩家銀行已經破例實行了兩千億日圓的債務股權轉換。換言之，就是銀行放棄債權，讓夏普拿出股權來抵債。如此一來，夏普的巨額債務就能一筆勾銷，不須再付龐大的利息。而銀行雖失去了債權，但有了股權，就等於是夏普的股東，若經營重建成功，未來還能拿股息或是將股權轉賣而從中獲利。而這次產業革新機構的

債務股權轉換（Debt Equity Swap，又稱 DES）

是企業改善財務狀況的一種方式。透過將債務轉換成資本的方式，以減少企業的有息負債並且增加資產淨值。對銀行來說，就是將夏普欠下的債務與夏普的股權去做交換。

意思就是，希望兩家銀行能識相地主動銷毀先前轉換過來價值兩千億日圓的股權，並再追加一千五百億日圓的債務股權轉換，讓夏普共三千五百億日圓的負債一筆勾銷。

但銀行也是上市公司，也需要對自己的股東負責。大筆大筆的融資，要的就是利息回報。現在不僅沒有回報，連本金都收不回來，銀行實在難以同意這樣無理的要求。與瑞穗銀行關係良好的鴻海得知產業革新機構正與銀行因債務處理問題而僵持不下，馬上做出了兩點表示：第一，鴻海非常樂意買下銀行手上現有的股權；第二，鴻海絕不會強迫銀行放棄夏普的債權。

兩間銀行中，三菱ＵＦＪ銀行的部分幹部其實是有在考慮接受產業革新機構的要求的。因爲他們轉念一想，就算現在損失掉借給夏普的數千億日圓好了，藉由這次的夏普併購案，如果政府眞的成功整合了日本的電子產業，使其東山再起，那銀行借給其他各大電子公司的融資，在未來能回收的機率就能提升許多。現今日本電子產業的狀況如此蕭條，長遠來看，產業的復甦對銀行才是最有好處的。

然而瑞穗銀行卻態度堅決。他們認爲，銀行並不需要爲夏普的經營不善負責。

更何況銀行在過去就已經有所讓步，給過夏普不少優待了，如今又要求銀行收拾爛攤子，讓銀行去承擔這好幾千億，實在是豈有此理。嚥不下這口氣的瑞穗銀行轉而向鴻海求救，鴻海也才會站出來，並且提出如此優渥的條件。同一時間，瑞穗銀行放大聲量主張，兩者的出資差額如此之大，若夏普選擇了產業革新機構，很明顯會對夏普的股東不利。這已經算是違反了公司法中的善良管理人注意義務。如此行爲，夏普該如何給股東們一個合理的解釋呢？

瑞穗銀行的主張並不能說是完全正確，畢竟產業革新機構雖然出資額較少，但夏普的巨額債務若能一筆勾銷，也能說的上是對股東有利。狀況複雜，實在很難只靠檯面上的條件就判斷是否有違反注意義務。後來，經過多方考量，就如同大家所知道的——夏普決定選擇鴻海。

出爾反爾？鴻海的最終條件

產業革新機構退出後，夏普與鴻海就開始交換雙方內部機密資訊，朝著正式簽約進行謹慎而仔細的交涉。鴻海在過程中反覆評估夏普的企業價值，

善良管理人注意義務（日文：善管注意義務）

日本及台灣的公司法都規定經營層應盡到「善良管理人注意義務」。指依照一般交易觀念，有相當知識及經驗的人應有的注意義務。簡單來說，就是要求董事們在領導公司時，應秉著良識以及高度的謹慎態度去執行每個業務。

最後雙方同意以將近五千億日圓的出資金額完成併購。

就在大家以為皆大歡喜之時，二〇一六年二月二十四日，夏普突然對鴻海提出了超過三千五百億日圓的或有負債清單。簡單來說，就是夏普讓各部門列出了一條，當最壞情境發生時夏普方須承擔的負債清單。包括現在正在打的官司若輸掉需賠多少錢；或是若夏普決定將特定商品撤離市場，需付多少保證金等等。這些未來有可能會需要支付的負債，加起來總額超過三千五百億日圓。

突然接到這樣通知，使得鴻海對夏普產生了極大的不信任感。鴻海決定要將簽約日期延後一個月，仔細審視這些或有負債的內容再做出最終決定。

在這一個月中，郭台銘飛來日本接受夏普的詳細債務說明報告，而夏普的高橋興三社長也去到台灣，與鴻海直接談判條件。一波三折之後，鴻海決定將出資金額刪減至三千八百八十億日圓。同時，為了為併購後或有負債發生時做準備，他們也要求三菱ＵＦＪ銀行以及瑞穗銀行追加設定約兩千億日圓融資額度。就這樣，已無退路的夏普在二〇一六年四月二日，與鴻海正式簽下了合約。鴻海以一股八十八日圓的價格取得了夏普六十六・〇七％的股份。夏普變成了日本歷史上第一間，被外資買下的大型電子公司。

她講小辭典

她講小辭典 或有負債（日文：偶発債務）

指企業有可能產生的負債。因過去的交易或事項導致未來事件的發生，而產生的潛在負債。未來事件是否發生在現實並不能確定，而或有負債的支付與否便視其是否發生而定。

兩個月後，夏普的員工收到了一封來自郭台銘董事長以及戴正吳副總裁的信。信裡寫道：「在我們調查夏普經營狀況的過程中，我們很遺憾地發現，如果不走裁員這一步，我們將無從改善夏普的經營狀況。我們保證會負起責任，慎重地進行此事。」日本媒體透過訪問夏普的員工了解到，這次的裁員對象幾乎都是四十歲以上，駐守工廠，或是海外的員工。留下來的年輕員工心情也很複雜，一方面感謝鴻海把夏普從危機裡拯救出來，一方面很擔心往後工作環境會不會變糟、或自己四十歲時是否也會被裁員。

新聞報出來之後，眾多輿論之中當然也出現了同情夏普遭遇的聲音：「跟當初

夏普併購案 當初交涉條件與最終條件之比較			
產業革新機構		鴻海精密工業	鴻海實際的最終條件
3,000 億日圓	出資規模	7,000 億日圓	最終雙方同意減額至 3,888 億日圓
要求銀行銷毀 2,000 億日圓的股權，並追加 1,500 億日圓的債務股權轉換	債務方針	願意買下銀行手上 2,000 億日圓的股權，並強調絕不要求銀行放棄債權	已於 2019 年 6 月從銀行手上買回了所有的股權
切割各事業，與外部企業做整合	事業經營	原則上維持現狀	持續維持夏普的整體性
依照事業切割整合的結果作調整	員工雇用	原則上維持現狀	併購後宣布「合理化員工人數」，最大裁員人數 7,000 人

圖表 3 鴻海的最終條件與當初交涉時有不少出入

說的根本不一樣！」而實際上，在商戰的世界，這樣的狀況其實不在少數。

與併購方的事前約定，通常都只能看做是「努力的目標」。被併購方必須要以「對方反悔乃是常事」的前提，去謹慎思考、下每一步棋。會有如此說法，是因爲在正式併購之前，不管併購方調查得有多完善，都不可能知道被併購方企業內部百分之一百的眞實狀況。也因此，簽約後實際深入了解實情，再依照狀況改變策略，這在業界其實是屬於正常的現象。如果一定要併購方完全遵守約定，也不是沒有辦法。被併購方可以在契約上添加違約時的罰則、違約金等等。但是這樣的契約，併購方會願意簽字的機率是微乎其微，反而會失去自己公司獲得救援資金的機會。

新生夏普，台日聯手實現V字復甦

二〇一六年四月，正式接下夏普之後，郭台銘就把重建夏普的工作交給了戴正吳，讓其擔任夏普的新社長。

戴正吳先生在當上社長之後，多次寫信給夏普全員工。內容提到，今後在人事管理上，公司會落實賞罰分明的原則，無關年齡、性別等限制，一定會給予優秀的人才相應的待遇跟職位。他也強調，往後夏普負責商品企畫、開發和販賣，而生產製造鴻海集團全力支援。夏普與鴻海齊心協力，一定能大幅改善業務效率，進而重建經營。

就如同併購前夏普所期待的，鴻海世界級的生產規模以及物流網，給了夏普極爲正面的協同效應。其中一個代表性的例子是，夏普在二〇〇〇年代後期，爲了獲得當時供給不足的多晶矽原料（Poly-Silicon），跟廠商訂了長期契約，規定交易價格。數年後，同樣的原料，價格已回歸正軌，但夏普還是不得不履行當時的長期契約。這導致他們生產成本比其他公司高上許多。戴正吳上任後，他清查了這些對夏普不利的契約，以鴻海這個世界最大的專業電子代工廠爲後盾，重新跟廠商去交涉、更改契約條件，夏普的獲利結構也因此得到了很大的改善。

在戴正吳的管理下，夏普大幅度地開源節流，復甦的速度遠遠地超越了日本媒體的預期。二〇一五年度營業利益虧損高達一千六百一十九億日圓的夏普，在進入鴻海旗下的隔年，馬上就轉虧爲盈，交出了六百二十四億日圓的亮眼成績單。在那之後至二〇二一年度，已經達成了連續六年的黑字。在重重障礙中，新生夏普不負眾望，成功實現了Ｖ字復甦。讓我們一起期待夏普的下一個黃金時代。

II
日本企業的經營成敗

2.1
Sony
——瀕臨破產的 Sony 如何殺出重圍，強勢回歸

二〇〇五年底，台北信義商圈的跨年晚會上，萬眾矚目的煙火表演來到了最高潮。隨著表演的結束，台北101的外牆也點亮了贊助企業的廣告文案——「BRAVIA by Sony」。二〇〇五至二〇〇六連續兩年，Sony 幾乎全額贊助了台北101的跨年煙火表演，估計花費了約五千萬台幣。那個時候的 Sony，是日本的代表品牌，也是很多人憧憬的巨型企業。

然而，這樣的繁榮卻沒有持續多久。在那之後，Sony 的業績持續低迷。

經營危機！Sony 神話的崩壞

二〇〇八年度開始，已經連續虧損三年的 Sony，在二〇一一年度業績發表會上，又公布了一個令分析師們瞠目結舌的巨額赤字。那一年，Sony 出現了四千五百六十七億日圓的淨利虧損。Sony 的業績之慘澹，從他們的股票走勢也可以看出端倪。從二〇〇七年開始算起，Sony 的股價在短短的五年內從每股將近

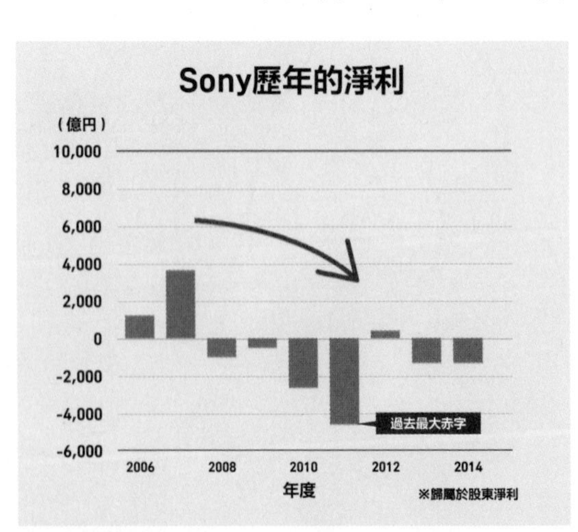

圖表 1 Sony 的淨利在 2011 年度創下史上新低

六千日圓跌至了每股八百日圓，僅剩下六分之一。各大媒體開始爭相報導，日本經濟產業的支柱 Sony 已經搖搖欲墜，瀕臨破產。

品牌風靡世界、家大業大的 Sony，爲什麼會面臨這樣的困境呢？二〇〇八年九月雷曼兄弟破產引發的全球金融風暴，是一個重要的轉捩點。

當時，Sony 集團經營結構上最重要的頂梁柱就是消費電子產品部門。Sony 的營收有將近一半是來自消費電子產品，其中較有代表性就屬數位相機 Cyber-shot 及薄型電視 BRAVIA 兩大品牌了。隨著雷曼兄弟破產，全球性經濟蕭條使得市場需求大幅減少。同一時間，又出現了以蘋果、三星爲首的各國電子公司列強。競爭環境的巨大變化使得 Sony 的主力產品開始滯銷。除了相機和電視以外，Sony 旗下的筆記型電腦 VAIO、電視遊樂器 PS3 等各大品牌也都

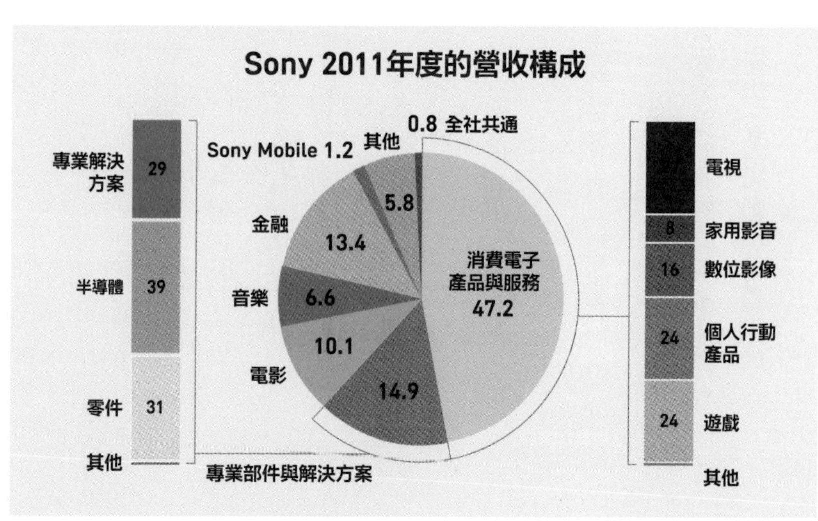

圖表 2 消費電子產品占 Sony 營收將近一半

受到不同程度的影響。Sony 的業績下滑煞不住車，一時之間，突然找不到一個可以成爲 Sony 經營支柱的事業。

不僅如此，日圓強勢升値，更是拖累了以電子產品外銷出口爲事業主幹的 Sony。當時世界經濟動盪，全球投資人爲了規避風險，紛紛選擇大量購入相對安全的日圓。再加上日美利差縮小等因素，從二〇〇七年到二〇一一年僅僅四年的時間，美元兌換日圓便從一美元兌一百二十四日圓漲到了七十五日圓。一比七十五．三二，這個數字至今仍是日本金融史上日圓的最高點。在市場需求與產品國際競爭力低迷的狀況下，好不容易入手的利益又被匯差大幅抵銷，這也使得 Sony 慘澹的業績雪上加霜。

緊急止血！Sony 的改革陣痛期

要想打破 Sony 連續巨額赤字的困境，第一個需要考慮的就是：如何緊急止血，避免虧損持續擴大。

當時的 Sony 雖然看起來很絕望，但如果我們仔細去觀察它的獲利結構就不難發現，還是有很多部門在幫公司賺錢的。從圖表 3 可以看出，公司虧損最嚴重的二〇一一年度，金融、音樂、電影等部門都有創造上百億的利潤。其中，金融部門的營業利益甚至達到了一千三百一十四億日圓。讓 Sony 業績低迷的罪魁禍首，就屬消費電子產品部門了，兩千兩百九十八億日圓的虧損一加上來，其他部門好不容易攢下的利潤馬上就被抵銷了。

二〇一二年，Sony 上任了一位新社長。接下了燙手山芋的平井一夫，首先考慮的就是如何針對這兩個虧損部門作出有效對策。上任後，他不僅解散了光碟機部門、賣掉了化學與電池事業，他還將 Sony 響噹噹的筆記型電腦品牌 VAIO 拋售了出去。面對資深員工們的強烈反彈，平井一夫展現了剛毅的改革決心。在記者會上他提到：「VAIO 是 Sony 一直以來投入了許多心血的品牌，決定要賣掉它，是一個非常艱難的決定。」這句話背後所象徵的，是平井一夫不計任何代價也要重建 Sony 的信念。他接著說：「從今往後，Sony 將會充分活用失去 VAIO 而換來的經營資源，讓 Sony 的消費電子產品東山再起。」當然，拋售事業，就不可避免地伴隨裁員。在二〇一二年到二〇一五年之間，Sony 總共裁了將近一萬七千名的員工，相當於當時員工總數的十％。

大刀闊斧地賣掉虧損事業、裁掉員工。雖然成功止血，但這只能夠算是為

Sony 營業利益 (2011年度)	消費電子產品與服務	專業部件與解決方案	電影	音樂	金融	Sony Mobile
	-2,298	-202	341	369	1,314	314

圖表 3 消費電子產品的虧損最為嚴重

當時病入膏肓的 Sony 帶來一小段苟延殘喘的時間。要如何才能在手上已經沒有更多底牌的情況下，從世界電子列強包圍中，殺出一條活路呢？止血之後，還需要找到 Sony 的根本問題，以及良好的解決方策。Sony 必須要在商業模式上做徹底的改革，才有可能再次奪回昔日的地位。

釜底抽薪！找出 Sony 的根本問題

在消費電子產品領域，Sony 確實有過很多劃時代的突破，在全球的品牌魅力也不言而喻。對 Sony 來說，確實是絕對不能放手的重要領域。

但是若只以消費電子產品部門作爲經營主幹，就會衍生出幾個難題。首當其衝的，就是全球競爭環境的變化。如果 Sony 能像過去一樣，創造出引起大規模全球狂熱、其他企業複製不來的創新商品，那也許另當別論。但現今電子產品的相關技術已經相當成熟，想與對手差異化、做出本質上的區隔，是十分困難的。而在價格上，Sony 也很難與競爭對手一較高下，對一般消費者來說，就會失去非買 Sony 不可的理由。

第二個難題，就是消費電子產品單次買斷的商業模式。如果推出的商品剛好符合民眾喜好、令大家趨之若鶩的話，Sony 就能夠獲利不斐。反之，若不受歡迎，或是剛好經濟不景氣導致市場需要減少，商品的滯銷不僅會使得公司無法獲利，庫存成本、廣告行銷等等開銷再加上來，就容易造成大幅度的虧損。也就是說，只以單次買斷的商業模式來做經營主幹，收益會非常不穩定，容易在轉眼之間陷入周轉不靈的局面。

除此之外，Sony 的電子產品，出口外銷占絕大部分。其業績會受到匯率的影響而大幅變動。尤其是在現今世界政治經濟動盪的環境下，本來預計可以有一定程度的盈餘，卻因爲日圓升值反而變成大幅度的虧損。員工們幾個月甚至幾年的努力，可能就因爲那幾塊日圓升值而灰飛煙滅。

沒有安定的收益，企業就無法擁有良好的體質來創造更多新的價值。Sony 當時最需要做的，就是擺脫只以消費電子產品爲主幹的經營模式，另外找到自己能駕馭的戰場，並且創造穩定又實在的收益來源。

接下來讓我們來看看，Sony 具體做了哪些改革。

殺出重圍！Sony 的多角化策略

透過查看 Sony 二〇二一年度的財報我們可以發現，Sony 的事業內容已有了非常大的變化。遊戲、音樂、電影等在營收上的占比差異並不大，整體呈現了一個完美的平衡。而電子產品的占比也從將近五成降低到了兩成。從營業利益上我們也可以看出，這些部門的發展都十分順利，已有很大的規模，現時與電子產品齊頭並進，成爲了 Sony 經營的中流砥柱。

爲了要得到穩定的收益來源，Sony 將各個事業的商業模式朝向「Subscription」的方向去做改革。也就是我們大家都早已習慣的，定期付費的訂閱模式。Sony 知道「單次買斷」已經不符合 VUCA 時代的商業格局，他們便希望與顧客建立長期的良好關係，藉由定期爲顧客提供服務、體

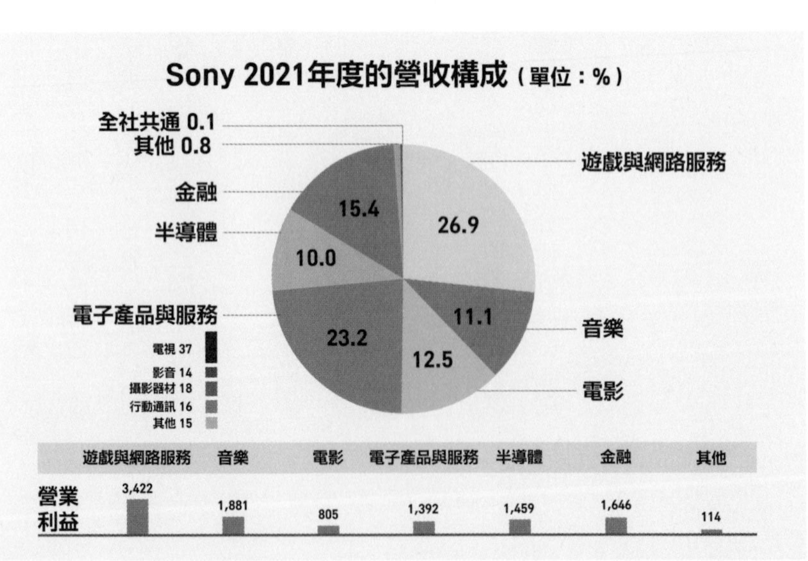

圖表 4 Sony 不再只靠電子產品

驗的方式，來獲得安定的收益。

在這之中，最有代表性的就屬遊戲領域了。二〇一三年 PlayStation 4 發售之後，Sony 就在這個無可替代的線上平台上展開了各種定期付費服務。截至二〇二一年底，付費訂閱服務「PlayStation Plus」的會員數已達到四千八百萬人。而在音樂的部分，二〇一八年 Sony 斥資兩千一百億日圓買下了英國百代音樂（EMI Music Publishing）六十％的股份。此前，Sony 已經握有其四十％的股份，本次的行動等於是完全將其納入了旗下。Sony 搖身一變，成為了世界最大的音樂版權持有公司。在這個線上音樂串流服務盛行的年代，Sony 透過 Spotify 或是 Apple Music 等平台就可以毫不費力地賺取安定的版權費用。除了音樂以外，電影、動畫事業也是走相同的路線。Sony 儘可能擴大版權的商業模式，二〇一八年，Sony 花了兩百億日圓買下了擁有長青漫畫角色史奴比（Snoopy）的美國花生漫畫版權資產管理公司（Peanuts Worldwide）四十％的股份，這也是 Sony 開拓版權收益的具體例子。

版權收益除了可以創造長期且安定的收益來源之外，還有一個特徵就是：高利潤、低成本。如此一來，就算日圓升值，也較不容易出現入不敷出、

VUCA

由易變性（Volatile）、不確定性（Uncertain）、複雜性（Complex）與模糊性（Ambiguous）的首字母組成的語彙，在商業上通常用來形容科技、產業與生活型態急劇變化下的經營環境。

財政赤字的情況。當然 Sony 也做了很多對抗日圓升值的措施，比如說把全世界一千三百個子公司都集合起來，去構築一個讓資金能在全集團裡融通的系統，讓外幣的債權債務直接相抵，減少匯差的影響。

Sony 在遊戲、音樂、電影等領域獲得了極大的成功，那關鍵的電子產品部門，現在狀況是如何呢？

二〇一一年的 Sony，在各國列強的低價攻勢之中，並沒能找到自己應有的定位和銷售策略。他們只是沿襲過往的 KPI，一味地追求銷售數量，希望能夠賣越多台越好。最後落入了價格競爭的陷阱，導致越賣越虧、一敗塗地。這樣的經驗讓 Sony 決定要走出完全不同的路。

對於電子產品部門，平井一夫訂下了一個明確的策略：不再一心追求產品的市占率，Sony 要追求的是「與其他公司的不同」。從產品的開發到販賣，Sony 的商品要鎖定特殊高階客層，走高附加價值路線。高級技術、高級品質、高級的販賣策略，Sony 要做到讓其他公司無法追上的境界。

這樣的作法，也確實漸漸地出現成效。最有代表性的例子就是 Sony 的電視

BRAVIA。4K畫質、超大畫面再搭配上Sony的獨家處理器、平面聲場技術等等，這樣其他公司望塵莫及的高級定位，不出所料、受到了目標市場的熱烈歡迎。從二〇〇四年開始就連續赤字；虧損總額達到八千億日圓的電視事業，也終於在二〇一四年度轉虧爲盈，成爲了日後Sony電子產品的重要支柱。

二〇二一年度的決算發表會上，Sony用數字宣告了它的王者再臨、強勢回歸。Sony的營收達到九兆九千兩百一十五億日圓，營業利益達到一兆兩千零二十三億日圓，雙雙創下了Sony成立以來的最高紀錄。Sony的CFO在記者會上自信地說，Sony旗下每一個事業都變得如此強而有力。Sony花了將近十年的時間紮實穩打，成功地轉型成大型綜合娛樂公司，並在各國強敵包圍、四面楚歌的狀況下，殺出了一條血路，留下了它進擊的軌跡。

專欄

Sony 的案例讓筆者聯想到了另一間現在已經不復存在的日本企業，三洋電機（Sanyo）。一九四七年創業的三洋電機靠著波輪式洗衣機起家，在彩色電視、冷氣機、收音機等各大領域家用電器上都有非常亮眼的成績。日漸壯大的他們，在約半個世紀後的二〇〇四年，已經變成了一間營收兩兆日圓、營業利益九百億日圓規模的大企業了。當時，三洋電機的社長井植敏甚至還曾經構想：要在不遠的將來，將三洋塑造成十兆日圓規模的巨大企業帝國！十兆日圓！要知道，這是產業巨頭Sony 過去歷史，甚至是王者回歸後的現在，都未曾達成過的遠大目標（但筆者相信，Sony 將會在本書出版後數個月內順利達成）。

只可惜那之後的三洋電機，在經營策略上一步錯、步步錯。三洋電機後來因欠下巨額負債導致企業體力透支，最後被松下電器（Panasonic）用八千億日圓買走過半數的股份；輝煌一世的三洋電機，變成了松下電器的子公司。正當外界還在唏噓三洋品牌將成爲松下的副牌之時，松下宣布：將三洋電機的股票下市，終結三洋品牌，變賣旗下所有事業與資產。換言之，松下對經營三洋電機或其品牌根本毫無興趣，它想要的只是三洋電機在太陽能電池和鋰離子電池上的技術專利而已。就這樣，三洋電機從此分崩離析，不復存在。

三洋和 Sony 曾經都是代表日本的國際企業，爲什麼兩者的下場有著天壤之別呢？筆者認爲，「企業的危機感」是重要的關鍵。

三洋電機會消亡，最簡單直接的理由可以歸咎於接連的投資失敗。二〇〇〇年代初期，三洋十兆日圓的雄心壯志讓他們積極投資各種不同事業；兩百三十億日圓在半導體；五百三十億日圓在有機ＥＬ面板；九百一十億日圓在大型液晶面板上。但事與願違，半導體工廠落成後馬上就遇到了新瀉大地震，工廠被震到半毀。此時投資人才發現，工廠並沒有投保地震險。此事讓營業利益僅八百億日圓的三洋記上了一筆四百二十三億日圓的財務損失，也凸顯了經營層的不作爲。

而與美國柯達公司共同投資的五百三十億日圓的有機ＥＬ面板，最後因三洋財務狀況不佳，在還差一步技術就能應用之時，三洋選擇了撤資。幾年來投下的資金和員工們的努力都化爲烏有。而投資額達到九百一十億日圓的大型液晶面板，也因爲錯失先機，市場早被台灣及韓國占據而以失敗收場。這些失敗滾出了一個巨大的雪球，也讓公司負債累累。當公司開始出現財務危機時，三洋雖然有嘗試過改革，但做的卻都只是改掉Logo、換掉員工制服、增設研究據點這些對止血與改善經營架構毫無助益的表面功夫。

三洋的家大業大，使它看不清現實，失去了企業應有的危機感。可以看出三洋的經營層在做各種決策時，似乎都沒有考慮過「最壞的打算」。甚至在公司已經出現危機之時，仍不願意面對現實、行會帶來陣痛之有效改革。三洋消滅後，當年的社長井植敏受邀上了NHK的節目《戰後70年·日本的肖像》（戰後70年 ニッポンの肖像）。他說，他第一次去視察中國海爾集團時是在二〇〇一年，也是在那時才第一次知道有這間公司。「完全不知道海爾的存在。去到那邊才知道，就在我們大意之時，中國企業已經成長至此了。爲什麼就不能早點發現呢？」面對著鏡頭，他後悔地感嘆。只是，身爲背負著十萬員工生活的經營者，一點點的大意眞的就能夠導致完全不同的結果。松下將三洋買下來後，便在二〇一一年將整個家電部門以七百億日圓的金額拱手讓給了中國海爾集團。三洋家電的技術專利、生產販賣據點，現在都屬於海爾了。

2.2 三麗鷗
——Hello Kitty 的大起大落，扭轉乾坤的關鍵策略

一九九九年，台灣的麥當勞推出了購買超值全餐就可以用六十九元加購一隻Hello Kitty玩偶的活動，引起不少民眾徹夜排隊，玩偶一下子就搶購一空。據麥當勞統計，從一九九九年到二〇〇一年，三年的時間內總共賣出了一千兩百萬隻Hello Kitty。等於是每兩個台灣人就擁有一隻麥當勞的Hello Kitty玩偶！

從業績巔峰到經營危機，Hello Kitty的光芒不再

這段時間，其實就是日本三麗鷗公司創立以來最輝煌的黃金時期。當時，Hello Kitty可愛的外型和療癒的世界觀，風靡了日本的男女老少。從女高中生到中年大叔，迷戀Hello Kitty變成了一種社會現象，也出現了很多被稱爲Kittyler（キティラー）的新族群。指的就是從日常用品到食衣住行，在生活的每一個環節上都會積極選擇Hello Kitty周邊商品的忠實粉絲。這樣的社會現象，爲三麗鷗創造了前所未有的業績巔峰。一九九八年度的年度決算，三麗鷗的營收達到了史上最高的一千五百億日圓，營業利益則達到一百八十億日圓。

然而，這股熱潮並沒有持續多久。顚峰期過去後，Hello Kitty的人氣崩盤，三麗鷗卻沒有找到有效的補救措施。二〇〇〇年開始，三麗鷗的營收和營業利益以驚

人的速度持續下滑。至二〇〇二年度，他們的營收減少至一〇九五億日圓，營業利益則僅剩下了二十億日圓。股價也從原先的四千多日圓一股跌到了五百日圓一股。

角色人氣的有漲有跌，在一定程度上屬正常現象，但爲何其對三麗鷗業績的影響程度會如此之大呢？

當時的三麗鷗是採用原創商品自家生產、自家販售的商業模式。所有的商品都是由三麗鷗去構思企畫、進行生產，然後放在三麗鷗的直營店裡販賣。Hello Kitty 熱潮如日中天時，他們抓緊了機會以最快的速度提高生產數量，並且積極拓展新的直營店來滿足市場需要。然而，當熱潮過去，這些剩餘的商品庫存和直營店的營運經費，就變成了三麗鷗在經營上的沉重負擔。對此，三麗鷗並沒有及時制定出有效的策略，才使得之後數年業績持續低迷，經營每況愈下。

這樣的狀況一直要到二〇〇八年，三麗鷗做了一個重大的決定，才獲得大幅改善。

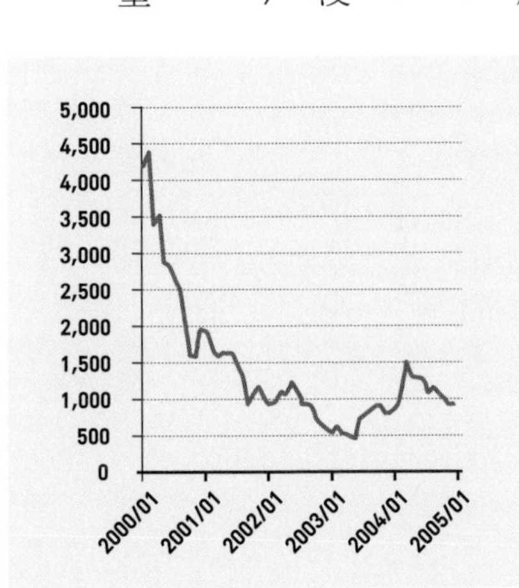

圖表 1 三麗鷗的股價從 2000 年後開始暴跌

讓 Hello Kitty 走出去！三麗鷗扭轉劣勢的關鍵策略

二〇〇二年，一手將三麗鷗發展成在全球擁有百萬粉絲大企業的創業社長辻信太郎已經七十五歲了。幾經思考，社長決定正式將副社長一職交給當時年五十歲的兒子辻邦彥。並且他也打算等其工作穩定下來之後，自己就要從社長一職退任，正式將三麗鷗傳承給後代。

身爲創業社長的獨子，辻邦彥大學畢業後就進到了三麗鷗公司，輔佐父親擴大三麗鷗的事業版圖。九〇年代開始，身爲三麗鷗常務董事的他擔起了讓 Hello Kitty 邁向國際的重任。從台灣、香港到北美、歐洲，他先後就任了當地子公司的社長，並帶領著員工們在世界各地打天下。長榮航空第一架 777 Hello Kitty 彩繪機「牽手機」在洛杉磯舉辦發表會時，就是由他代表日本三麗鷗一起共襄盛舉。

受命於父親的辻邦彥積極嘗試新的辦法希望能改善公司的經營狀況。二〇〇八年，辻邦彥在往返歐美處理國際業務的時候，遇見了爾後改變了三麗鷗命運的關鍵人物——鳩山玲人。

鳩山玲人當時當年僅三十五歲，大學畢業後就進到了三菱商事的他，是媒體及版權事業的專家。三十二歲時，他毅然決然地辭掉工作，選擇赴美深造。而辻邦彥認識他時，他正好剛從哈佛 MBA 畢業，正在考慮未來的去路。兩人一拍即合；辻邦彥誠懇地邀請鳩山玲人進來三麗鷗，與他齊心協力一同治理公司；鳩山玲人認爲這是實踐自己在 MBA 所學的大好機會，便答應了他。辻邦彥大喜，也特別爲鳩山玲人準備了美國三麗鷗營運長這個非常有誠意的職位來迎接他。

塵埃落定後，他們兩人便開始著手策畫能夠大幅改善三麗鷗獲利結構的全新商業策略。經過分析後，他們做出了結論：公司現在的經營會如此慘澹，主要的問題就出在自家生產、自家販賣這樣的商業模式。商品供應鏈大部分由自家公司負責，雖然進度和品質都會較爲容易掌握，但在人工、倉儲、物流等各方面都會產生許多經營成本。不僅如此，因爲 Hello Kitty 等角色的人氣時時刻刻都在改變，市場需求難以精準預測，這也使得三麗鷗有著非常高的庫存風險。

於是他們決定大幅削減三麗鷗自家生產、自家販賣的商品種類，轉而致力於開拓「授權廠商合作」的商業模式。

三麗鷗只負責將原創角色的版權授權給其他公司，收取數%的版權使用費。而商品的企畫開發、生產販賣都全權交給被授權方去進行，三麗鷗將不再參與。也就是說，往後三麗鷗將不再靠販賣商品，而是靠向外授予版權來獲利。雖然這樣的做法營收會比先前降低許多，但因爲幾乎不需要花費人事費用以外的成本，所以預計能達到非常高的營業利益率。只要有利益，三麗鷗經營狀況就可以很快地獲得改善。

辻邦彥和鳩山玲人的作戰計畫不負眾望，成效驚人。鳩山玲人加入的二〇〇八年，三麗鷗的營業利益還只有六十六億日圓。他們僅花了五年的時間就使其翻了三倍，衝破了兩百億日圓大關。這個數字甚至比 Hello Kitty 熱潮的黃金期，一九九八年的一百八十億日圓多了二十億日圓。改革的成效有目共睹，三麗鷗的股價也隨之水漲船高。二〇一三年九月，三麗鷗的股價達到了一股六千兩百七十日圓，至今仍是三麗鷗股價的歷

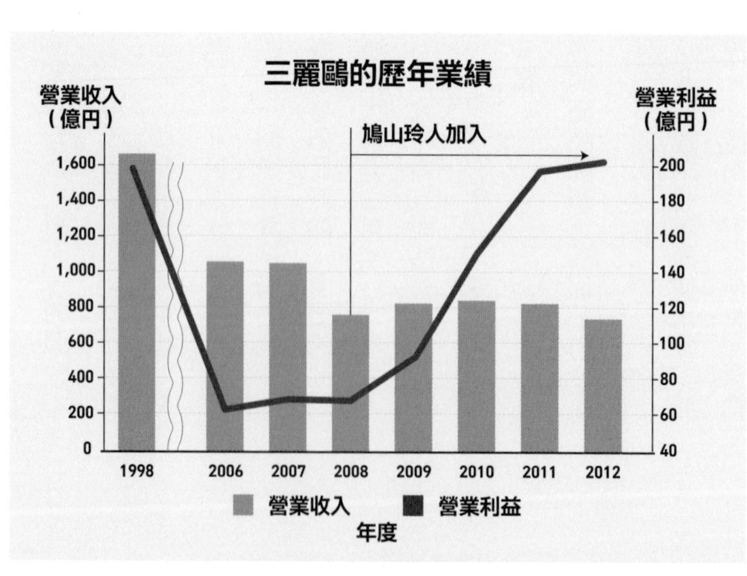

圖表 2 鳩山玲人入社后，三麗鷗營業利益便急速增加

史高點。

在這個值得舉杯慶祝的時刻；在三麗鷗的業績好不容易穩定下來，企業體力充沛，準備來創造另一個事業高峰的時候，卻發生了一件讓三麗鷗上上下下手足無措的重大事件。

創業社長重新掌舵，成長路上的U字迴轉

二〇一三年十一月，辻邦彥在洛杉磯出差的途中因急性心臟衰竭，永遠地離開了人世，享壽六十一歲。

當時辻邦彥的父親，也就是創業社長辻信太郎已經八十五歲了。他本來計畫在隔年就要把社長的位子透過正式的手續傳承給兒子。突然傳來的噩耗，在父親和經營者的雙重層面上重重打擊了老社長。他感到絕望，卻沒有時間悲傷，三麗鷗還得繼續對旗下數百名的員工負責。只是，接下來的路，該怎麼走呢？

傳兒不成還可以傳孫。只是，老社長的孫子辻朋邦出生於一九八八年，當年僅二十五歲。大學畢業後先是在其他公司累積經驗，所以辻邦彥過世時，他還沒有正式進到三麗鷗工作。重視家族經營的老社長心想，現在這個局面，只能靠自己一個

人咬緊牙關繼續撐下去了。下定決心續任社長一職之後，他首先便安排孫子進到三麗鷗，空降至合適的崗位使其能以最快的速度累積經驗、扶搖直上。同時，他也在董事之中安插了自己的兒媳婦，也就是已故辻邦彥的妻子，讓她一邊代替自己的丈夫處理未完的工作，一邊輔佐自己還未成熟的兒子來治理公司。

安排好人事之後，老社長打起精神重新站穩腳步，開始審視自己公司當下的經營狀況和商業模式。二〇一四年五月，他在三麗鷗的業績發表會上，做了一個讓市場分析師面面相覷的聲明。他說，我們將會暫緩「授權廠商合作」，三麗鷗將會轉換跑道，回歸到以前自家生產、自家販賣的商業模式。大家都感到驚訝，爲什麼兒子一過世，老社長就突然決定要走回頭路呢？其實，這個決定是基於將 Hello Kitty 視如己出的老社長，他對原創卡通人物的堅持與考量。

授權廠商合作的作法雖然在全球已非常普遍，但是當時鳩山玲人的做法，又別具一格。對持有人氣角色的品牌授權商來說，保持該作品的世界觀，並維護該角色的形象從來都是最重要的課題。好比迪士尼（Disney）在授權給廠商時，會與對方簽下非常嚴格的契約，裡面的使用規定鉅細靡遺。不可以擅自改變米奇的表情衣服、身體動作、設計風格等等，若有違反必追究到底。但鳩山玲人擬定的三麗鷗授權廠商合作條例裡，並沒有這些嚴格的規定。被授權方需要遵守的規則只有一項，那就是「符合 Hello Kitty 可愛、感情和樂、互助合作的世界觀」。也就是說，只要 Hello Kitty 不牽扯到暴力衝突，被授權方可以自由發揮想像力，改變 Hello Kitty 的整體造型。小到表情動作，大至角色設定。而且，三麗鷗並不像其他品牌授權商，只是坐等廠商來找他們。爲了讓 Hello Kitty 能更深入大家生活，三麗鷗也主動出擊積極地去尋找特別的合作對象。從傳統工藝品的博多人形到國際知名品牌 Dior，不管走到哪裡，都可以看到 Hello Kitty 的影子。

筆者印象最深刻的就是當年他們與動漫作品《烏龍派出所》合作推出的，有著與兩津勘吉一模一樣相連粗眉毛的 Hello Kitty。與博多祇園山笠祭典合作的、穿著日本傳統兜檔布露出了臀部的 Hello Kitty，也令人記憶猶新。民眾們也發現，一時之間到處都可以看到 Hello Kitty 詼諧有趣的聯名款。大家也開始開玩笑說，Hello Kitty 變成了一隻不挑工作的貓，而且還特別勤奮，一天要跑好多場次（Hello Kitty 在官方的設定上並不是貓，而是人類女孩）。

與此同時，批評的聲音也不在少數。部分專家義正詞嚴地說，鳩山玲人的策略只能以「短視近利」來形容。利用 Hello Kitty 的知名度大動作擴展各式各樣無底線的授權商品，確實能夠在短期之內獲得高額版權使用費。但 Hello Kitty 的世界觀卻也因此遭到消費，人們很快就會對 Hello Kitty 感到厭煩。

一九二八年在電影《汽船威利號》（*Steamboat Willie*）中第一次登場，現已高齡九十幾歲的米奇至今還能在全世界擁有這麼多粉絲，就是因爲迪士尼非常慎重地審核各種授權申請，確認提案的商品或服務，有沒有忠於米奇的世界觀。對廠商來說，商品上印上米奇，是商品熱銷的保證。那對米奇這個「品牌」來說呢？合作商品的推出，能爲米奇帶來什麼樣的正面意義呢？這些都是在授權之前值得深思熟慮的。

這其實也就是老社長決定由自己親自掌舵時，打定主意要暫緩擴大旗下卡通角色授權廠商合作的主要原因了。

沒有故事的 Hello Kitty，如何回到大眾視野？

愛子辻邦彥過世後，年邁的老社長繼續帶領著三麗鷗向前邁進。只是這幾年，三麗鷗的業績是每況愈下。以二〇一三年度，也就是辻邦彥與鳩山玲人共同打天下的最後一年爲基準值，往後每年的銷售額與營業利益都是在持續下滑。更不用說疫情開始後的二〇二〇年度，三麗鷗的營收跌至基準值的一半左右，營業利益甚至直接虧損了三十三億日圓。這是三麗鷗一九九五年以來，時隔十二年的大赤字了。

暫緩授權廠商合作、回歸自家生產自家販賣的商業模式，這樣的策略也許為 Hello Kitty 守住了尊嚴，但卻換來了各大媒體的尖銳報導：「止不住血！三麗鷗陷入慘淡經營」。U 字迴轉之後，三麗鷗彷彿又回到了二〇〇〇年代初期，財務結構大部分都被人工和生產、物流成本等等的支出占據了。雪上加霜的是，當三麗鷗還在忙著重新展開直營店、強化販賣體制時，三麗鷗的競爭對手 IP 正勢如破竹地在掀起全球熱潮。在這段期間裡，迪士尼《冰雪奇緣系列》（*Frozen*）席捲全球，《動物方

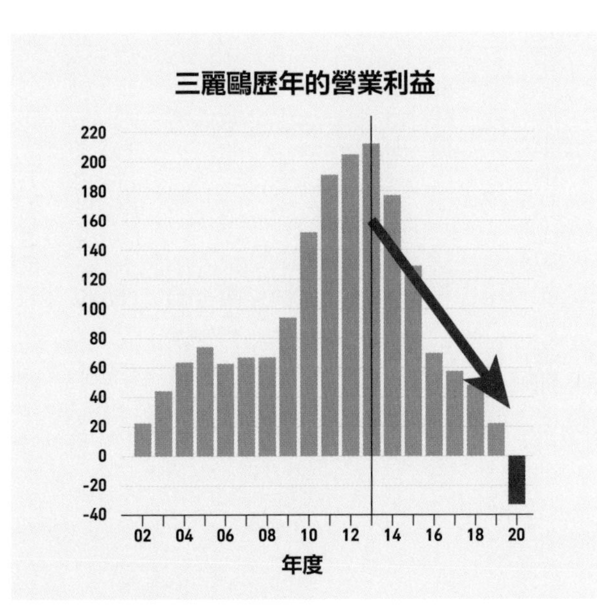

圖表 3 三麗鷗的營業利益年年下滑

城市》（*Zootopia*）與《大英雄天團》（*Big Hero 6*）等的新作品也都佳評如潮。不只迪士尼，二〇一六年任天堂與寶可夢公司授權推出的《Pokémon GO》更是造成了國際級的社會現象，皮卡丘一躍而上，成為了小朋友們最喜歡的卡通角色。

這些ＩＰ占據的不僅是各大百貨公司和玩具店的架上，還有小朋友的時間和心靈。不管三麗鷗的員工們有多努力，不仰賴其他品牌廠商的助攻，僅靠一己之力來推廣自家ＩＰ，能做的事情實在太有限了。就這樣，三麗鷗的卡通人物漸漸式微，被社會大眾遺忘，業績也一落千丈。

讀者們看到這裡可能會想，不是還有鳩山玲人這位手腕過人的專業經理人嗎？二〇一三年辻邦彥過世之後，鳩山玲人仍繼續留在三麗鷗擔任常務董事，主要負責海外市場。在這期間，他與老社長因理念不合，漸行漸遠。二〇一六年六月的股東大會上，鳩山玲人以任期已滿不再續約為由，從董事一職上退任，正式地離開了三麗鷗。在這之後，他先後擔任過日本LINE、DeNA等知名大企業的社外董事，也曾與前Facebook營運長雪柔．桑德柏格（Sheryl Kara Sandberg）一同被選為哈佛ＭＢＡ最成功的畢業生三十一人之一。現在，他已經獨立，開了自己的顧問公司。

二〇一六年六月的股東大會上，鳩山玲人正式退任，三麗鷗也同時上任了一位新的董事。那就是辻邦彥的兒子，當年二十七歲的辻朋邦。

日本媒體都對這位年輕的王子非常感興趣。當被記者問到，這幾年三麗鷗的業績慘澹，您認爲問題出在哪裡呢？面對鏡頭，他有些靦腆地說「Hello Kitty 與迪士尼、漫威（Marvel）等其他的卡通角色最不同的地方就是，Hello Kitty 是不存在媒體、沒有故事的卡通人物，這就是 Hello Kitty 最劣勢的地方。」確實是如此，沒有故事還如何能塑造角色的靈魂，讓觀眾共情、產生帶入感呢？Hello Kitty 雖然在八〇、九〇年代間曾經推出過卡通節目，但並不能算是成功的作品，也鮮少有人眞正知道在 Hello Kitty 的世界裡，她與朋友們過著什麼樣的生活、有著什麼樣的故事。

辻朋邦上任後致力於 Hello Kitty 品牌的構築，除了在公司裡新設了品牌戰略部以外，也計畫開拓更多動畫等電子媒體來強化角色的行銷。除此之外，外界最關心的還是他手上的重點專案——Hello Kitty 的好萊塢電影。三麗鷗與美國華納兄弟影業攜手合作，由以《魔戒三部曲》聞名的製作公司新線影業（New Line Cinema）及 Flynn Picture Company 操刀，Hello Kitty 將正式從好萊塢出道。將電影版權授權給好萊塢的三麗鷗，雖然無法從票房中獲得太多利益，但如果電影可以喚回人們對 Hello Kitty 的熱愛，甚至創造更多新粉絲，三麗鷗的東山再起就指日可待了。

Hello Kitty 好萊塢電影的計畫，其實已經在檯面下準備了數年。只是後來疫情爆發，電影產業受到嚴重影響，至今電影的具體上映日期仍沒有敲定。辻朋邦在受訪時提到，電影的腳本已經完成，各方面的準備都非常順利地在進行中。電影裡不只會有 Hello Kitty，其他三麗鷗的角色也會一起參與演出。我們期待藉著這部電影，將 Hello Kitty 等旗下角色塑造成能在全球通用的強力 IP。

值得一提的是，二〇二〇年六月，九十二歲的老社長辻信太郎終於卸下了堅持了六十年的社長重任，將三麗鷗正式傳給了孫子。期待三麗鷗再次開拓一個新的未來。

專欄

筆者在三麗鷗「授權廠商合作策略」如日中天時，曾有機會與公司同仁一同參觀過三麗鷗針對業界人士開辦的 SANRIO EXPO 展覽會。裡頭展示了不少 Hello Kitty 等其他角色與大牌廠商的合作商品。裡頭玲瑯滿目、五花八門，令當時還是一介菜鳥的我目不暇給。此時，一位平時說話用詞就特別不斯文的大叔前輩開口了，他說「キティちゃんはいつから誰とでも寝れるキャラになったんだ？」（Hello Kitty 什麼時候變成了跟誰都可以睡的角色了？）

從日本調查中心（Nippon Research Center）對各大ＩＰ的調查報告書中，我們可以看見，老社長掌舵後的二〇一四年開始，Hello Kitty 的好感度確實有增加。老社長走的回頭路有一定的道理，只是增長的幅度實在太有限了。若非忠實粉絲，普羅大眾應該只會覺得「怎麼市面上 Hello Kitty 的東西越來越少了」。畢竟以三麗鷗的企業規模，從生產到販賣都只能使用自家公司的資源的話，實在沒有多少觸及到一般消費者的能力。

筆者想，爲何三麗鷗一定要在兩個極端中做選擇呢？如果能像迪士尼一樣訂

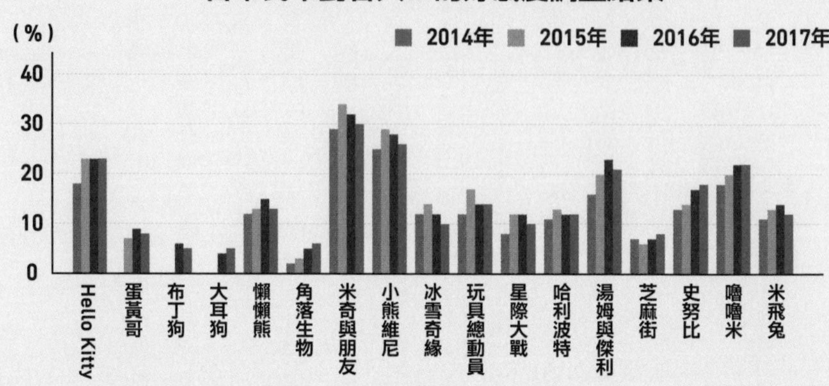

圖表 4 日本民眾對各大 IP 的好感度

定一套嚴格的角色使用準則，並制定評估授權與否的指標，如廠商的產品競爭力、分銷能力，市場推廣能力等，同時維持 Hello Kitty 的形象與獲得良好的收益並不是難事。

將三麗鷗從山梨縣一間資本額僅一百萬日圓的小物雜貨販售公司，塑造成現今這般國際級大企業的老社長，他對 Hello Kitty 的愛不言而喻。而鳩山玲人儘管身爲超級青年菁英，但畢竟在三麗鷗的資歷尚淺，對角色的理解、感情都遠遠不及老社長深厚。本來兩人之間的良好橋梁是由兒子辻邦彥擔任，三人齊心協力將三麗鷗推上另一個事業高峰，奈何命運作弄人。

二〇二〇年六月孫子辻朋邦上任社長時，業界都不看好。業界人士都質疑，要在疫情這麼困難的市場環境中重建經營，對新社長來說根本就是不可能的事。就任記者會上，辻朋邦面前的桌子上放了三隻大大的角色玩偶。密切關注三麗鷗走勢的外資券商分析師，在媒體上針對此事表達了不滿：「在社長交接記者會這麼重要的場合，竟放上了角色玩偶，也太缺乏危機感了吧！」一舉一動都成爲焦點，王子的壓力之大可想而知。辻朋邦上任至今，三麗鷗的業績雖然沒有巨大的改變，但他年輕的思想也讓三麗鷗吹起了一股全新的風。他讓 Hello Kitty 搖身一變成爲了 VTuber，本來沒有嘴巴的 Hello Kitty 開始講起了漫才，一句一句地回應大家的留言。他也致力於開拓線上販售通路、關閉直營店削減不必要的成本。同時，社內的改革也是重點項目。他說，現在的三麗鷗，員工努力了得不到回報、失敗了也不用負責，這樣的人事制度必須從頭到腳大肆改革！

讓我們一起期待再次看到三麗鷗東山再起的那一天。

2.3 壽司郎

——迴轉壽司商業模式的誕生，壽司郎遙遙領先他者的祕密

迴轉壽司在大家心裡，是什麼樣的定位呢？在台灣，迴轉壽司想必是屬於想與朋友家人好好大吃一頓、犒賞自己時的首選美食吧。而在日本，它給民眾的印象其實較爲接近經濟實惠、便宜大碗。壽司郎、藏壽司、HAMA 壽司，這些大型連鎖品牌創業以來幾乎都是以「平價壽司」、「一盤一百日圓」爲賣點在吸引客人的。

雖然「一盤一百日圓」容易使人認爲：「還好吧，也沒有眞的那麼便宜吧。」但大家可以試著想像，八〇年代，迴轉壽司這樣的商業型態被發明出來之前，民眾想吃壽司，就只能去光顧「職人現做現捏」的壽司店，最低單人價位大概會落在五千至一萬日圓。價位高不說，每間店的品質還參差不齊，美味程度不一定能夠達到民眾期待。這樣前後對照，迴轉壽司可以說是日本餐飲業界的偉大發明了。壽司的新鮮度與美味程度能與職人壽司匹敵，但卻可以用大眾皆宜的價格來提供，讓食客大飽口福。

迴轉壽司是如何被發明出來的呢？他的商業模式，核心在哪裡呢？

迴轉壽司掀起的業界革命，關鍵在食材成本比率

第一個需要探討的問題就在於，爲什麼同樣都是提供壽司，迴轉壽司卻有辦法

將價格壓得如此低廉？要找到答案，我們就必須先針對迴轉壽司店提供的壽司種類和他們的食材成本進行分析。

一般來說，餐飲業的食材成本比率大概會落在三十至四十％左右。這樣才能夠給人事費用、店租水電等其他成本，以及利潤騰出一個合理的空間。但如果我們在迴轉壽司店點了鮪魚或是海膽等高級壽司，它的食材成本比率大約是會落在八十％左右。也就是說，假設它的價格是一盤一百日圓的話，其中有八十日圓都是花在食材費上了。

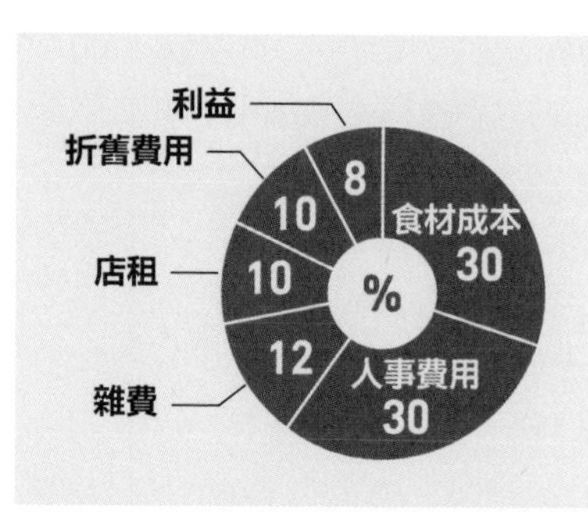

圖表 1 日本一般餐飲行業的成本結構

雖然說迴轉壽司店的食材成本本來就會比其他餐飲型態來的高，但整間店的平均必須要控制在最高四十％左右，生意才得以持續下去。在鮪魚和海膽壽司這些明星商品不能動的狀況下，店家就必須要在菜單上追加不少成本比率較低的壽司或副餐去取得整體平衡。比如說，海鮮沙拉，玉米沙拉，日式煎蛋，小黃瓜，茶碗蒸這種成本大概只需要二十％的商品。而味噌湯只要十％，咖啡甚至只要二％。

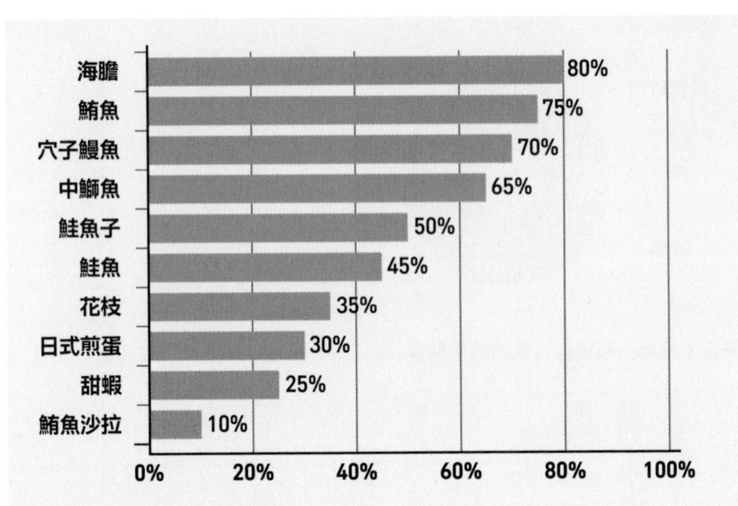

圖表 2 各種壽司的食材成本比率

店家當然會希望大家能夠多多去點這些成本較低的商品，這樣才有機會將整體的食材成本比率壓到四十％左右。但是，民眾特地上門來吃壽司，免不了要盡情地點明星商品來大啖一番。在這樣的狀況下，店家要如何才能實現整體的成本平衡呢？

八〇年代日本的迴轉壽司興起時，一個很重要的切入點就在於「客層」。讀者們也許已經發現了，成本較低的菜單，海鮮、玉米沙拉，日式煎蛋這些基本上都是小朋友會喜歡吃的。反之，成本較高的海膽或是螃蟹等等，通常小朋友就會避而遠之。也就是說，只要店家能招攬到小朋友進門，就有很大機會能壓低成本提高利潤。但小朋友是沒有辦法一個人來光顧的，所以鎖定家庭客層，就是當初日本迴轉壽司商業模式成功的重要關鍵。

當時，迴轉壽司店都會選擇開在年輕家庭客層較集中的郊區、或是新興住宅區。在建造時，他們會預留大面積的停車位，方便爸爸媽媽開車帶著孩子們前來。除了充實小朋友喜愛的壽司菜單以外，他們也會準備各種副餐：薯條、雞塊、拉麵，甚至蛋糕甜點都非常豐富，當然小朋友會喜歡的玩具、轉蛋也都是其中不可少的。

假設食材成本成功壓到了四十％，人事費是三十％，其他林林總總的雜費是二十二％的話，就能得出最後八％的利潤。當然，每個店家都希望利潤占比能夠再高一點，如果食材成本已經沒有太多可以削減的空間，那麼接下來該考慮的，就是人事費了。

現在各大迴轉壽司店幾乎都不會有所謂的職人在，壽司醋飯都是交給機器去捏。醋飯上的生魚也都已經事前統一加工過了，只需要請工讀生在現場將其放到捏好的米飯上就可以了。再搭配導入桌上型平板和迴轉運輸帶，處理點餐及送餐就可以一氣呵成，再也不需要經過店員之手。這些做法除了節

食材成本比率（日文：原価率）

餐點定價中，食材所占的比率。假設餐廳提供的餐點定價是一百元，正常狀況來說，食材的費用就會是三十至四十元。食材成本比率會依照餐飲種類、提供型態而有所變動。二〇二一年度，日本餐飲行業的平均是三十七．五％。

省了很多人事費用，也降低了送餐出錯的機率，並使得出餐流程更加迅速。客人的滿意度和翻桌率獲得提升，餐廳的獲利基礎就能更加穩固。除此之外，經營壽司店還有另一個特點：食材講求新鮮；如果不能夠準確預測每天所需要的食材數量，多餘的部分就只能廢棄、認賠損失。使用桌上型平板剛好能在一定程度上解決這樣的問題，它可以用大面積的插圖，視覺性誘導客人選擇店家正在推廣的特定菜單。它也可以在晚間時段依照食材的剩餘狀況去更改金額做促銷，對店家來說，就可以減少廢棄產生的損失以及環保問題。

這就是日本迴轉壽司商業模式的基本結構了。

市場已成紅海，壽司郎卻能遙遙領先

從八〇年代迴轉壽司開始嶄露頭角至今，已經過了將近半個世紀。迴轉壽司的商業模式已經非常成熟，業界百花齊放。而在日本，規模最大的迴轉壽司連鎖品牌就是壽司郎。在疫情開始之前，壽司郎二〇一九年度的營收將近兩千億日圓，營業利益也達到一百四十億日圓，至今在日本已有超過六百多間的分店。第二名的藏壽司與第三名的 HAMA 壽司，算是處在一個不相上下的局面。第四名的河童壽司，也就是本書第一章介紹的，旗下擁有牛角等知名品牌，爾後併購了大戶屋的、Colowide 集團旗下的迴轉壽司店。而第五名則是，早在九〇年代就已在台灣和香港拓展分店的元氣壽司。

壽司郎坐穩了日本迴轉壽司最大連鎖品牌的寶座，但並不因此就停下了腳步。這幾年來他們以驚人的速度，不斷地拉開與對手的距離。壽司郎已經連續好幾年，每年銷售額、營業利益都在創自家公司的歷史新高了。在日本的連鎖餐飲行業裡，有一個重要的指標，那就是「現有店鋪營收的年增率」。連鎖餐飲企業因爲每年都會拓展新店鋪，新店鋪的銷售額一加上來，公司整體的銷售額就會得到一定程度的提升。在帳面上，反而會使得投資人看不出來現有的店鋪是不是有在成長。所以通常連鎖餐

各大迴轉壽司品牌營收排行

※2019 年度

順位	企業	億円
1	壽司郎	**1990**
2	藏壽司	**1361**
3	HAMA 壽司	**1242**
4	河童壽司	**761**
5	元氣壽司	**355**

圖表 3 壽司郎是日本最大的迴轉壽司店

飲企業都會在財務報表上多加上一個「現有店鋪成長率」（日文：既存店昨対）來彰顯公司經營的成效。在疫情開始前的二〇一九年度，壽司郎的現有店鋪成長率達到一〇七・四%，而藏壽司則是九十五・六%。壽司郎的成長率在餐飲業界是特別少見的優良績效了。

壽司郎是採取了什麼樣的策略，爲什麼能夠在競爭激烈，且遊戲規則都已經被大家摸透的狀況下，實現這樣的好成績呢？

在日本，一間壽司郎的年平均銷售額大約會落在三億三千萬日圓左右，每一間店平均一個月可以賺到兩千七百多萬日圓，這是日本迴轉壽司業界的頂點了。面對媒體詢問到壽司郎創造收益的祕訣，社長水留浩一也非常大方地公開他的策略：「關鍵就在於，壽司郎時時刻刻都能令人耳

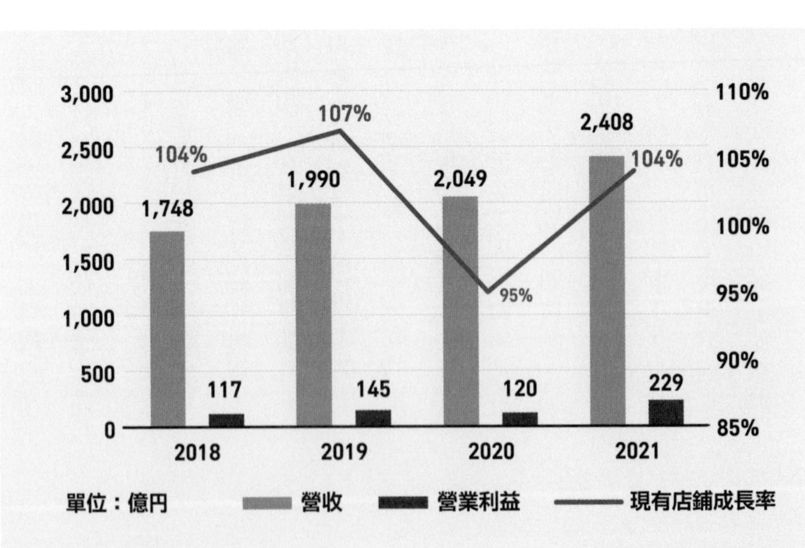

圖表 4 壽司郎的經營績效優異

目一新。」迴轉壽司店都是開在相對郊區或是住宅區的地方，所以客群不會像在大都會商業區那樣具有高流動性，會來光顧的客人幾乎都是住在那個區域的同一群人。而如何能讓他們在短時間內再次光臨，就是非常重要的課題。

如果客人每次來吃壽司，每次店裡都只是提供同樣的菜單，不管壽司的品質或服務有多優秀，上門的次數一定都會減少。社長認真說道，關鍵就在於——如何讓客人們不會感到膩了、厭煩了。高頻率做活動、推出新的菜單都是都是有效的方法。除了鮪魚季、鮭魚季等標準配備以外，壽司郎也大膽地跳脫傳統的壽司框架，挑戰推出中華料理口味的創意壽司、海膽乾拌麵等等獨具一格的菜單。

從壽司、副餐、再到甜點，壽司郎在各個領域持續推陳出新，不僅帶來了亮眼的成效，也讓其他迴轉壽司品牌備感壓力。媒體去訪問到其他迴轉壽司連鎖店時，受訪的幹部提到，二〇一五年左右壽司郎的舉辦活動的頻率是平均一個月一．五次，這幾年來不斷地增加，種類豐富、五花八門，現在已經增加到了一個月最少有兩次。壽司郎猛烈的攻勢讓競爭對手在後面追得汗流浹背，絲毫不敢懈怠。

壽司郎的業績在日本能有這麼高的漲勢，台灣的珍珠奶茶也貢獻了不少。二〇一九年，珍珠奶茶這項台灣的國民飲品透過社群媒體在日本爆紅，變成了當時年輕人的必買甜點。市面上一下子出現了琦瑯滿目的珍珠奶茶店，可謂珍奶在日本的戰國時代。當時，壽司郎特地與台灣品牌歇腳亭合作，搖身一變成爲了第一間推出珍珠奶茶的迴轉壽司店。而且，經過內部企畫人才的巧手包裝，壽司郎推出的方式也令人眼睛一亮：廣告文案寫的是，「會發光的金色珍珠奶茶」。筆者深入了解之後，發現與其他珍珠奶茶的差別僅在於它採用的是白色的珍珠，民眾購買之後只要打開手機的閃光燈，並將手機墊在奶茶下方，白色珍珠受到閃光燈照射，看起來就會像珍珠自己在發光一樣。

從這裡我們就能看見壽司郎所謂的推陳出新，並不僅止於開發新菜單而已，每一款新菜單和呈現方式背後都有著縝密的行銷計畫。壽司郎了解當時在日本，珍珠奶茶的受眾絕大部分都是喜歡流行的年輕女性。眞的要吸引這些女性，就需要給奶茶添加一些別出心裁的巧思。他們了解到這些女性平常習慣透過使用社群網站來經營自己的形象，建立與朋友的連結，也常會在日常生活中找尋上傳照片的材料。雖然喝起來與市面的珍珠奶茶無異，但只要簡單將其包裝成「會發光的珍珠奶茶」，不僅可以刺激女生想來一探究竟的好奇心，也可以使上傳的照片更有視覺效果、看起來更新奇有趣。「會發光的金色珍珠奶茶」推出至今已賣出了三百萬杯，成了日本壽司郎的經典甜品。

搶占年輕客層，壽司郎 café 部的開發策略

這幾年壽司郎特別致力於甜點領域，他們還特地爲了甜點商品群取了一個品牌名稱「Café 部」。背後之意就是想將壽司郎包裝成一間 Café，不是正餐時段也歡迎民眾來喝茶坐坐，增加平日下午兩點到五點離峰時段的收入。平日下午能有時間去壽司郎坐坐的，在日本除了婆婆媽媽以外，最大宗的族群就是學生了。學生放學後，年輕女生三五好友一起去逛逛街聊聊天都是常有的事，而壽司郎正是希望能夠吸引這些學生。這也是爲什麼壽司郎如此積極地開拓甜點菜單的原因了。

當然他們也知道，若眞的想讓學生把壽司郎當作 Café 來光顧，靠平凡無奇的甜點菜單是不夠的，還需要更有魅力的明星商品才行。於是他們便努力尋找在日本年輕人之間流行的人氣甜點店合作，開發限定菜單。這些人氣甜點店通常都位在東京市中心、涉谷原宿或表參道一帶，在甜點的造型或口味上獨具特色。壽司郎與店家簽訂契約之後，就會與之共同開發出造型或口味相近的甜點菜單，並且打上該店家的 Logo，開始販售。這些鬆餅、聖代等等的「名店合作甜點」通常價格會落在

三百日圓上下，比實際在名店裡吃便宜好幾倍。

但，年輕人會吃這一套嗎？不管再怎麼有名店加持，在迴轉壽司店裡吃三百日圓的鬆餅，日本的年輕人會買帳嗎？

答案是，趨之若鶩，而且每每都是大爲熱銷。

日本全國的青少年們，尤其是對流行較爲敏感的女高中生，通常都會把涉谷原宿、表參道這些地方視爲時尚潮流聖地。聖地裡有哪些新開的店，裡頭的東西如何可愛、適合拍照上傳，女孩們每天都會透過 Instagram 等社群媒體去接觸到這些情報，將之保存下來希望有機會可以去玩。但是，日本全國的青少年，實際上能夠眞的去到那些店的，只有住在關東的少數人口。大多數的女孩子都是在社群媒體上看一看，覺得憧憬，跟朋友聊一聊，交換話題，僅此而已。她們並沒有辦法時不時就去到東京。

壽司郎的社長在受訪時提到，開拓能夠吸引到年輕人的甜點菜單，是他們公司經營策略上一個非常重要的項目。對這些非首都圈的學生來說，她們只要去到家裡附近的壽司郎，就可以輕鬆吃到她們憧憬的東京甜點，這是非常有魅力的事。

而且，東京的時尚潮流向日本全國擴散是存在著一定時間差的，這也成爲了一股助力。壽司郎只需要鎖定東京學生的流行，將合作談妥、商品開發好。等到放出給全國分店時，東京的時尚潮流剛好傳播到了地方。如此，壽司郎就可以非常完美地銜接上地方學生的熱度。學生們將壽司郎當成吃甜點聊天的地方，這不僅能讓壽司郎擺脫離峰時段空轉的問題，也能夠平衡本文開頭提到的食材成本，好處不勝枚舉。

社長苦笑著說，以壽司起家的壽司郎，突然要員工們去開發副餐、甚至是八竿子打不著邊的甜點，實在不是什麼容易的事。員工根本就沒有相關知識，剛開始的時候，也很難得到各個分店店長的認同，耗費了公司不少的時間和體力。不僅如此，開發出的新菜單要導入到日本全國的每間分店，要讓店長及員工們把種類、作法都記下來，難度眞的很高。總部如此要求分店，如果這些新菜單實際上賣得不好，各家分店就會認爲總部怎麼老是在折騰我們，所以商品開發部門的壓力也是眞的很大。但是萬幸的是，透過細緻的行銷分析，這些新菜單的成效非常良好，讓分店覺得付出很有回報、有成就感。社長直言，壽司郎能一而再地創下業績歷史新高，就是因爲有這些新菜單，還有它給員工們帶來的高昂士氣。

這幾年，因爲壽司郎的經營模式已經很成熟，又有足夠的資本，他們已經開始慢慢在大都會市中心開店了。東京都內幾乎都是選擇在山手線的沿線上拓展，主要是因爲這幾年來日本旅遊的觀光客增加了許多，他們希望可以抓緊這個機會創造業績，並且把壽司的和食文化推廣出去。社長誠懇地說，希望觀光客可以藉著來日本玩的機會喜歡上壽司，回國後也可以養成光顧各國當地壽司郎的習慣。

專欄

爲了跟一般的壽司郎做區別，壽司郎給了開在市中心的店鋪一個特別的名字叫做「都市型店鋪」。筆者的家裡附近就有一間，每次去都需要排隊一至兩個小時以上。「都市型店鋪」除了店鋪比較小，並且價格比一般店鋪貴一些以外（二〇二二年十月因應材料費上場，壽司郎調整了販售價格。現在郊外型店鋪最便宜一盤含稅是一百二十日圓，都市型店鋪則是一百五十日圓），還有一項特點就是他們非常積極地導入電子機器。從領號碼牌、入口處的自動帶位到買單，都有相對應的電子系統。就連外帶都準備了能讀取條碼的置物櫃，民眾可以自己打開，外帶壽司拿了就走。筆者覺得最難能可貴的是，僅管壽司郎的來店體驗已極致到與無人餐廳無異，但整個用餐流程非常順暢，並沒有讓人感受到任何不便。日本各大行業現在積極推動無人化、自動化，但很多時候效果差強人意，甚至會使工作人員更加疲憊。從甜點到自動化，壽司郎積極挑戰新領域，努力的成果肉眼可見。

迴轉壽司的商業模式，很大部分都建立在社會的公共道德上。餐廳給予客人百分之一百的信賴，所以將主導權的絕大部分交給客人，而客人也在常識範圍內自制守法，給餐廳理所當然的尊重。因爲有這樣的信賴關係，餐廳才能放心致力於無人化、自動化，減少人工管理成本，將其回饋在食材或用餐環境上，讓客人們能有更美好的來店體驗。一旦這樣的信賴關係被打破，所帶來的影響不計其數。日本餐飲業界定期會出現客人（有時候是工讀生）在店裡做出不妥行爲的炎上事件，二〇二三年一月日本高中生惡搞壽司郎的事件算是最爲嚴重了。筆者觀察此事件後發現，針對如此「打破信賴關係」的奧客行爲，比起以往，民眾以及企業的反應都有了非常大的改變，對於餐飲業的炎上事件，整體社會的處理方式已有了很大的進步。

以往事件爆出後，消費者信心受到極大打擊，社會大眾通常會選擇遠離該品牌。而企業這方，會馬上召開道歉記者會，發表應對措施、以及未來的改善方策，隨後便消極等待客潮回歸。但壽司郎的炎上事件發生後，股價雖暴跌，但事件發生的店鋪卻受到民眾廣大支持。在同店百公尺遠處的藏壽司停車場還停不滿三成時，該店一直到深夜都還是客滿狀態。網友們在社群媒體上發起了＃救救壽司郎的活動，民眾們對壽司郎的絕大支持，顯而易見。而壽司郎這裡也不像以往的炎上品牌一樣僅致力於防守，除了基本的衛生方策以外，壽司郎轉守爲攻，以感謝祭爲名實施了連續五天的九折優惠。壽司郎的危機處理和行銷長才，在這裡被充分發揮。一周後，股價就回升，甚至超過了事件發生前的股價。

關於海外的壽司郎，其實在二〇一九年六月，曾一度傳出壽司郎爲了拓展海外事業，將併購目前在海外擁有最多分店的日本迴轉壽司品牌「元氣壽司」，只是這個新聞很快就銷聲匿跡了。當被媒體問到併購案沒能談妥的理由時，社長說，最主要的理由在於，壽司郎與元氣壽司在分店經營的策略上，存在著相當大的價值觀差距。簡單來說就是，海外的分店該以直營店的型態來經營，還是該以加盟店的型態來拓展？這個問題上，兩間公司達不成共識。

現在元氣壽司在台灣、香港有不少分店，但幾乎都是由當地人經營的加盟店，壽司等餐點的口味都有經過「本土化」。壽司郎的社長說，壽司郎的企業理念是想要拓展沒有經過本土化的、日本傳統口味的壽司文化。雖然本土化也是一個做法，但是這樣每間分店的口味和品質容易參差不齊，不容易管理。而且若口味經過當地調整，壽司郎在經營上就無法做出正確的價值判斷了。所以，只好選擇忍痛放棄元氣壽司了。

2.4
ZOZO
——日本最大時尚 EC 的雄心壯志，「點點裝」風靡日本之謎

ZOZO是一間專門提供線上購物服務的公司，在日本相當知名，旗下最受歡迎的服務就是流行服飾的線上購物中心「ZOZOTOWN」。ZOZOTOWN是全日本最大的時尚電商平台，裡頭涵蓋了男女老少、國內國外、大眾小眾共超過八千四百個品牌。幾乎所有你想得到的牌子，都有跟ZOZO簽約，在ZOZOTOWN上開設品牌網路商店。說到買衣服，很多日本人第一個反射動作就是打開ZOZOTOWN來看看有沒有新品。每年有超過一千萬人會在ZOZOTOWN上面購買衣服，而每次下單，金額都會落在七到八千日圓左右。

二〇二一年度，ZOZOTOWN的營收高達三千九百一十六億日圓，營業利益則占其中的十・七%。ZOZOTOWN是日本服飾行業不可或缺的存在，而身爲業界領導，他們也非常勇於挑戰和創造新的行業文化。幾乎每隔幾個月就可以看到關於ZOZOTOWN的關鍵字出現在熱搜榜上。他們辦的活動，或是釋出的新服務也經常在社群媒體上造成話題。而這些話題之中，又有一個讓日本人爲

日本最大的時尚購物網站「ZOZOTOWN」
包含 1,510 個商店，涵蓋 8,433 個品牌
商品總數超過 90 萬種，每天平均會上架 2,600 個新商品
從系統、設計到物流，所有的 EC 功能都由自家開發營運
每年有 1,041 萬人在該網站下單，其中一年購買 2 次以上的活躍使用者超過 8 成
活躍使用者每年平均購買數量超過 11 件，金額超過 42,000 日圓

圖表 1 ZOZOTOWN Proflie（2021 年度）

之瘋狂的全民運動，那就是本節的標題裡寫到的——「點點裝」。這是筆者為了形象化傳達而自己取的暱稱，它眞正的名字其實是叫做「ZOZOSUIT」。

一件難求！劃時代產品 ZOZOSUIT

二〇一七年十一月，ZOZO 公司宣布正式推出 ZOZOSUIT。ZOZOSUIT 是一款能夠完美測量身體尺寸的高科技緊身衣。衣服上布滿了特製的電子感測器，用戶只要穿上、再搭配智慧型手機操作，就可以瞬間測量出全身的尺寸。ZOZO 提供的應用程式會依照測量出來的數字，自動在用戶的手機上建立 3D 身體模型。往後民眾在 ZOZOTOWN 上面購買衣服時，就不需要特地去找捲尺來測量尺寸了。更厲害的還在後頭。他們接著宣布，搭配 ZOZOSUIT，ZOZO 將會推出「量身訂製」的自有品牌。其特色就是用戶下單後，系統會依照每位用戶的 3D 身體模型，為各位裁剪縫製出最適合每個人身材的衣服。而且價格一點也不貴，跟優衣庫的價位區間不相上下。

至此，民眾們已經迫不及待地想問：「那麼，ZOZOSUIT 要在哪裡才能買得到呢？」ZOZO 的回答，令所有人都吃了一驚，「ZOZOSUIT 不用錢，免費送！」

不是抽獎，是每個人都有份。只要民眾來 ZOZOTOWN 網站填寫住址提出申請，並負擔兩百日圓的運費，就會直送到府！

消息被報導出來後，很快就掀起了熱烈的討論，大家都對 ZOZOSUIT 趨之若鶩。原因大致可以分成三點：第一，在那個 iPhone 還只出到 8 的年代，穿上緊身衣就能測量出全身尺寸，還能建立自己專屬的 3D 身體模型，如此走在時代尖端的產品，實在令人想一探究竟；第二，只要入手一件，往後網購買衣服就不用再擔心尺寸，甚至可以量身訂做。擺脫「快樂下單傷心退貨」的日子，就近在眼前了；第三，免費送的話，當然是不拿白不拿，就算我根本沒有在網路上買衣服的習慣，我也要趕上大眾的話題。

再加上日本藝人和頂級 YouTuber 的搶先曝光，想當然地，爭先恐後的民眾癱瘓了 ZOZOTOWN 的網站，申請開放後十個小時以內就湧進了超過二十三萬件的訂單。ZOZOSUIT 的生產速度遠遠趕不上需求，ZOZO 只好向大眾致歉；宣布大幅延後發貨日期。

很快地 ZOZO 就意識到，這樣下去永遠都趕不上。爲了加快生產速度，ZOZO 便開始想要改良 ZOZOSUIT。經過研究後發現，生產速度受到限制的主因

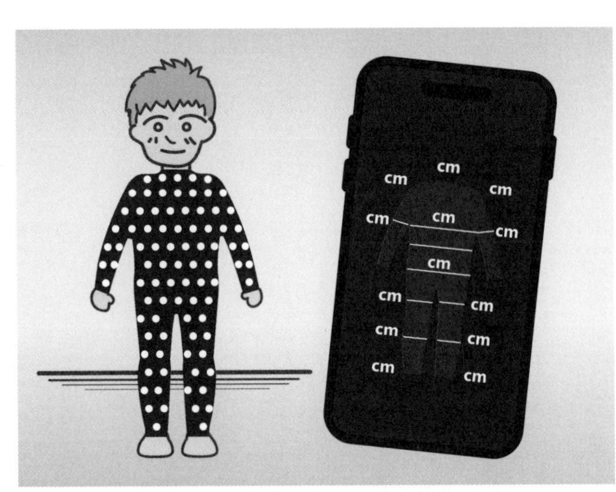

圖 2「點點裝」ZOZOSUIT

在於 ZOZOSUIT 上的電子感測器，於是他們就做了全新的改良。不再採用電子感測方式，而是使用點點標記，配合手機的相機功能去做讀取、推算。用戶只要穿上緊身衣，然後在相機前緩慢地轉幾圈，系統就會自動偵測到衣服上三百多個點點，透過其間隔來計算身體的尺寸。這便是我們在前段提到的「點點裝」了！

點點裝在二〇一八年七月中旬正式發放，當時預計會送出六百到一千萬套。在功能和外型上，都引起了極大的話題，它被譽爲是能夠掀起時尚自由，引發穿衣革命的劃時代產品，並且被美國時代雜誌（*Time*）選入了二〇一八年最佳發明品排行之中。ZOZO 的股價創下了歷史新高，一時之間，時尚業界所有的聚光燈都

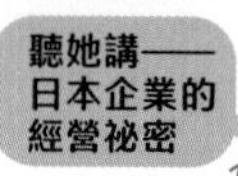

聚集在了ZOZOSUIT身上。大家都認爲，ZOZOSUIT正在開拓一個全新的時代。

「點點裝」背後的商業策略與思維

其實，ZOZOSUIT雖然只是個有著很多點點圖樣的緊身衣，但製作費用並不便宜。從二〇一八年三月ZOZO在決算發表會上公布的資訊我們可以知道，ZOZOSUIT成本價格是一千日圓左右。也就是說，每送出一套ZOZOSUIT，ZOZO公司就會倒賠一千日圓。我們也可以理解成，ZOZO公司不惜花費一千日圓，只要民眾願意穿上ZOZOSUIT，把自己的身體尺寸建立起來。

爲何ZOZO會願意如此大刀闊斧投下預算在ZOZOSUIT上呢？穿上就能量出全身尺寸，如此神奇的產品拿來販售不是很好嗎？爲何會選擇免費大贈送呢？

時任社長的前澤友作的經營策略，是期待能透過免費贈送的方式，讓ZOZOSUIT成爲像是體重計或是體溫計那樣，每個人家裡一定都會有一台的普遍存在。如果能讓全日本一千萬個家庭都有一件，ZOZO就可以獲取幾千萬人的3D身體模型，以大數據來說，這已經價值不斐。再加上市場潛力無窮的「量身訂製」事業，這也難怪ZOZO會如此積極了。

有別於價格高昂又花時間的傳統量身訂製，ZOZO 將 3D 身體模型，搭配上了智慧型工廠技術。這使得衣服在用戶下單後，可以在極短的時間內被生產出來，送到用戶手中，其速度與購買成衣幾乎相同。不僅如此，這些衣服定價還非常親民。基本款 T 恤一件只要一千兩百日圓，牛仔褲一件只要三千八百日圓，跟快時尚品牌的價位區間大同小異。簡單來說就是在宣告：往後，來我們 ZOZOTOWN 買衣服，不僅又快又便宜，還超合身好看。

ZOZOSUIT 的普及，不僅能使 ZOZOTOWN 的顧客體驗獲得前所未有的進化，也能提升內部運行效率與成本競爭力，「因尺寸不合而退換貨」這個線上購物中心普遍會遇到的棘手問題，也能迎刃而解。而且，若他們能將量身訂製自有品牌成功塑造成公司的事業主幹，其發展空間不可限量。除了能推出更多訂製種類、更適合各種人群的設計以外，還可以將很講究尺寸，以往比較不會在線上購買的商品群，如西裝或是禮服列入事業範圍內。往後甚至還可以與其他世界級大品牌合作、聯合整個產業。不遠的將來，每個人買的每一件衣服，都將會是最適合自己的。

ZOZO 的豪情壯志，是否真的能實現呢？

急轉直下！從限制發放數量到徹底消失

二〇二二年五月，ZOZO 在他們的網站上發布了正式聲明，ZOZOSUIT 的服務將在六月二十三日全面終止。已經建立 3D 身體模型的用戶，往後再也無法查看自己的尺寸數據了。網路上一片譁然，ZOZO 想用 ZOZOSUIT 實現時尚自由、這項創新的挑戰，至此，確定是以失敗落幕了。

國內外媒體一致看好，民眾喜聞樂見的 ZOZOSUIT，爲何會演變至此呢？

點點裝版本的 ZOZOSUIT 大量發放的三個月後，ZOZO 迎來了他們二〇一八年第二季度的決算發表會。在這個說明會上，社長前澤有作以「非常抱歉」做開頭，爲大家說明了量身訂製自有品牌的銷售狀況。他說，公司本來預計這三個月內銷售額能達到十五億日圓，但實績卻只有五．四億日圓。他緊接著解釋，這是因爲生產工程出現問題，無法像當初約定的那樣即時生產、即時交貨，所以實績才會遠遠不如預期。此話一出，本來非常樂觀的投資人們都倒抽了一口氣。當初 ZOZO 預計量身訂製自有品牌可以在推出後的第

圖表 3 ZOZOSUIT 的發放數量大幅減少

一年，爲公司帶來兩百億日圓的銷售額。現在看來，是難如登天了。

ZOZOSUIT 的發放計畫也有所更動。ZOZO 本來預計在這一年投入七十億日圓的預算，發放六百萬到一千萬套的 ZOZOSUIT。在這次的發表會上，社長放低了姿態語重心長地說，一直以來 ZOZOSUIT 的龐大的發放成本都是大家注目的焦點，接下來，我們將會將 ZOZOSUIT 的發放數量縮減至三百萬套，以省下三十億日圓的預算。

針對 ZOZOSUIT 刪減發放預算一事，ZOZO 做出了以下解釋：ZOZO 已經獲得了足夠的尺寸大數據，只要用戶輸入身高、體重、性別、年齡，系統就會自動判斷最適合該用戶的尺寸。往後，購買量身訂製自有品牌的服飾將不再需要 ZOZOSUIT，誰都可以自由地購買。言下之意就是，ZOZOSUIT 的存在價值已被推翻，自然也就沒有大量發放的必要了。

大家很快就冒出了兩個疑問。第一，僅憑身高體重、性別年齡而計算出來的「尺寸」，眞的能稱作是「量身訂製」嗎？第二，沒有 ZOZOSUIT 量出來的完整尺寸，ZOZO 所謂「量身訂製」自有品牌，還存在任何優勢嗎？民眾難道不會轉而選擇有實體店面，種類又多的優衣庫等其他品牌嗎？投資人感到失望。這次

ZOZO 公布的種種政策怎麼聽都像是，公司發現藉由發放 ZOZOSUIT 來販售量身訂製自有品牌，不管是在生產工程上還是在成本上，都比想像中的困難多了。在計畫遠遠趕不上變化的狀況下，元氣大傷的 ZOZO 不敢再輕舉妄動，所以才選擇減少發放，改變量身訂製的遊戲規則。

此後，ZOZO 一路跌跌撞撞。三個月後，二〇一八年第三季度的決算發表會上，他們直接了當地宣布，本來預計第一年能賺兩百億日圓的自有品牌，經過半年不賺反賠，預計會在該年度記下一百二十五億日圓的赤字。其主要的原因在於，ZOZOSUIT 的發放數、民眾的 3D 身體模型數與自有品牌的購買數，三者完全不成正比。也就是說，收到了 ZOZOSUIT 的民眾之中，有很多人根本沒有穿上來測量身體尺寸，更不用說購買自有品牌的服飾。不僅如此，就算有民眾願意購買，量身訂製的生產工程出現重大漏洞，導致進度大幅延遲和品質不良，這也是一個非常嚴重的問題。

ZOZOSUIT 雖然帶起了重量級話題，但卻對 ZOZO 原本的線上購物事業一點貢獻也沒有。不只沒有幫助，自有品牌還使得 ZOZO 記下了創社以來在財務報告書上的第一筆營業利益負成長。ZOZOSUIT 推出後的隔年，二〇一九年九月，從一九九八年開始就帶領著 ZOZO 一路走來的創業社長前澤友作宣布，已將公司轉讓給了日本雅虎，而他本人則正式退任社長一職。

操之過急？四成以上的投資額直接蒸發

本來預計能掀起產業大革命的 ZOZOSUIT，爲什麼會行不通呢？其中一個最值得探討的論點可能就在於，爲什麼 ZOZOSUIT 都已經免費發到大家手上了，但量身訂製的服飾仍乏人問津呢？

《日經 XTECH》於二〇一九年十二月針對此事做了問卷調查。從結果中我們可以發現，收到了 ZOZOSUIT，實際上有穿上並將測量數據建立起來的用戶只有六成。有一成的用戶儘管有穿上，但也許因爲手機操作環節出錯，並沒有成功測量到尺寸。還有另外一成的用戶，他們也是有穿上，但不知道什麼原因，並沒有拿出手機來測量。難道單純是覺得點點圖樣的緊身衣很好看，所以才申請的嗎？

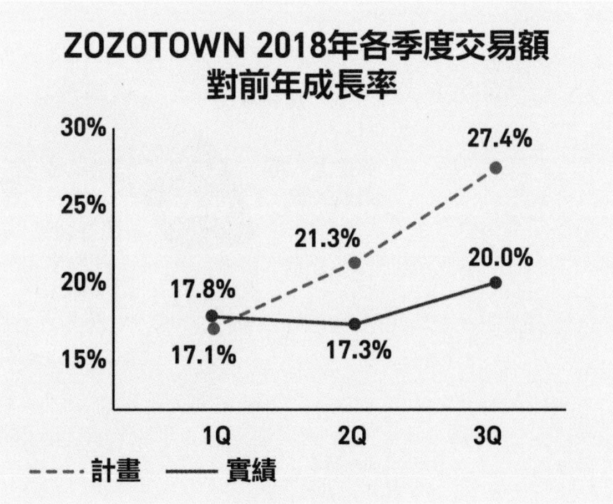

ZOZOTOWN 2018年各季度交易額
對前年成長率
30%
25%
20%
15%
27.4%
21.3%
20.0%
17.8%
17.1%
17.3%
1Q
2Q
3Q
計畫
實績

圖表 4 ZOZOSUIT 沒能帶動事業成長

而對 ZOZO 公司來說，最糟糕的就屬最後這一群人了，有將近兩成的用戶，實際收到 ZOZOSUIT 了，但卻連穿都沒穿。也就是說，這一件一千日圓成本的點點裝，有四成以上都是打水漂了。

調查也有問，既然都收到了，爲什麼不願意嘗試穿上呢？最多的回答是，太麻煩了。第二多的是，反正免費，所以就申請看看。第三是，等好久才送來，收到的時候我已經失去興趣了。到這裡，我們已經能瞧見一些端倪了。接下來，讓我們繼續看看實際有測量到尺寸的那六成人群。

其實第一版的 ZOZOSUIT，也就是布滿了電子感測器的版本，剛推出的時候口碑是很不錯的。第一版的發放數量雖然很少，但是有測量成功的用戶們，大概有一半的人會購買量身訂製自有品牌的服飾。當時，他們的平均購賣數量是二．五件，平均購買金額是七千五百日圓，還算是個很不錯的開始。

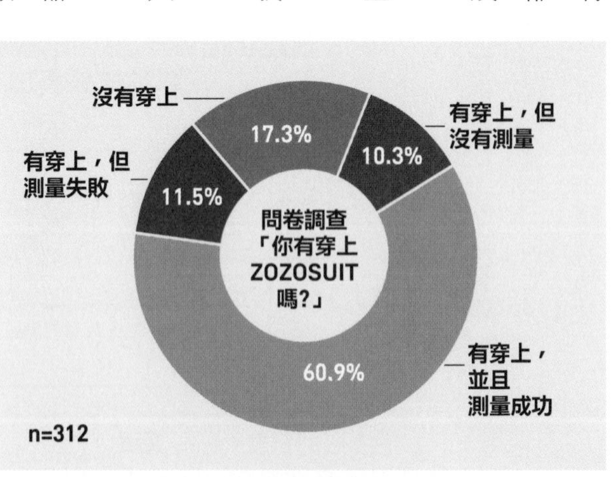

圖表 5 發出去的 ZOZOSUIT 有四成石沉大海

可是換成第二版的 ZOZOSUIT——點點裝之後，風向就開始有了變化。好多網友說，買回來的衣服根本就不合身、不好穿，實在難以想像他是所謂的「量身訂製」。這樣的聲音越來越多，很快地就形成了一種負面評價。很多還正在期待點點裝送來的人，還沒試穿就看到這些評價，心裡早就打定了「絕對不會購買」的主意。其實在負面評價形成的這段期間，ZOZO 一直有加緊在優化測量軟體和改進量身訂製衣服尺寸的演算方法。只是不管工程師再怎麼加班，都沒能趕上負面評價定型的速度。

這次 ZOZOSUIT 的失敗，也許我們可以理解成：「時尚自由，穿衣革命」，這個理想藍圖很完美，也很有遠見。但 ZOZO 公司在三個面向上：技術的開發，商業策略的構築，以及對短期成果的追求都太操之過急，而導致了 ZOZOSUIT 的失敗。如果可以等到量身訂製和智慧型工廠技術完全成熟再釋出這項服務，也許民眾對自有品牌服飾的滿意度就可以大幅提升，並如願實現跟大家約好的「即時生產、及時交貨」，滿足民眾對 ZOZOSUIT 的期待，而不是「雷聲大雨點小」。再搭配上更加紮實的事業戰略、收益計畫，也許 ZOZOSUIT 就不會在發布僅三個月後突然說要刪減預算，也不至於隨意更改量身訂製的遊戲規則，讓信用大打折扣了。除此之外，ZOZO 也應該在大規模免費發放之前多做點市場調查或概念驗證，讓 ZOZOSUIT 能循序漸進地滲透進市場，以最少的成本發揮中長期之最大功效，而不是讓它落入「反正免費」的族群之手。

專欄

雖然筆者並不是 ZOZOTOWN 的忠實用戶，但其實我非常欣賞當年 ZOZO 這種勇往直前的企業態度。ZOZO 當時的社長前澤友作向來都是以喜歡挑戰新事物、帶動話題而聞名，在 ZOZOSUIT 之前，ZOZOTOWN 就時常舉辦挑戰業界遊戲規則的活動，比如延後付款、讓用戶自己決定運費等等。不難想像他第一次知道能靠穿上緊身衣來測量全身尺寸時，那種點子一個接著一個，雀躍得快要跳起來的樣子。因爲有他這樣的企業家，日本的線上服飾業界才一直能得到大家關注，持續進步。

只可惜 ZOZO 的體質，終究還是禁不起大規模免費發放這樣的高階玩法。ZOZOSUIT 推出的前一年，二〇一七年度，ZOZO 集團的營業利益是三百二十六億日圓。以原先的計畫來說，花七十億日圓來發放六百萬件 ZOZOSUIT，如此巨大的投資對 ZOZO 來說是實屬險棋，確實是會令人捏一把冷汗。更何況 ZOZO 是上市公司，經營層需要對股東負責，不管前澤友作社長再怎麼有人格魅力，公司也不是他一個人就可以說了算的。最後就變成了，開頭聲勢浩大，短期成效不如預期後就急忙想收攏的感覺。

ZOZOSUIT 確實是一項挺實用的發明。當年筆者知道消息時，已經在發放第二版的點點裝了。我也申請了一件，雖然它的質感粗糙、穿進去和測量的過程實在難以用流暢來形容，但看到自己身體的 3D 模型在應用程式上被顯示出來的時候，還是有些感動的。測量出來的數字跟實際的數字，誤差也是落在可以接受的範圍。我認爲透過這個服務，確實可以有效增加大家在線上購買衣服時的意願。只是，免費發放以及搭配量身訂製自家品牌推出，是眞的有需要的嗎？首先發放給 ZOZOTOWN 的忠實用戶，優化他們的購物體驗，同時不斷地收集用戶的聲音去將 ZOZOSUIT 做改良，從小規模做起循序漸進，應該會是一個股東們更容易接受的方法。除此之外，ZOZO 一開始就將 KPI 設定在了量身訂製自有品牌，使情勢演變成了只要自有品牌的銷售成效不彰，就顯得 ZOZOSUIT 沒有任何意義，筆者認爲這也是一個可以再考慮的部分。ZOZOSUIT 若先發給忠實用戶，就算沒有搭配推出自有品牌，購物體驗的提升與否、ZOZOTOWN 購買單數、金額數的增長等等都可以證明 ZOZOSUIT 的價值。初步理解 ZOZOSUIT 的實力之後，再去研究是否推出自有品牌或是跟其他品牌合作，都是值得討論的。

前澤友作社長將公司股權轉讓出去之後，保守估計進帳了兩千四百億日圓。退任後他開始透過推特等管道對一般民眾發紅包，支持想創業的年輕人等等。同時他也在二〇二一年透過美國的太空探險公司（Space Adventures），搭乘太空船實現了自費宇宙旅行，成爲了日本第一個登上了國際太空站的民間人士。

2.5
大阪環球影城
——從空蕩蕭條到超越迪士尼，USJ 如何用 0 預算創造高收益？

說到日本大阪環球影城（Universal Studios Japan），大家腦中第一個浮現的會是什麼呢？是哈利波特的魔法世界（The Wizarding World of Harry Potter）、小小兵樂園（Minion Park），還是超級任天堂世界（Super Nintendo World）？

疫情肆虐之前的日本環球影城，每年入園人數高達一千四百五十萬人。這幾年來，他們每年都在創造新的話題、帶動熱度，每逢連續假期就可以看到民眾攜家帶眷往環球影城跑，手拿各種紀念品滿載而歸。相信台灣人來大阪玩的時候，也有很多人會特地將環球影城塞入已經排得滿滿的行程。

日本東有東京迪士尼，西有大阪環球影城坐鎮，環球影城看起來是一個非常成功的主題樂園。

但其實在開幕初期，日本環球影城非常蕭條，園區內空空蕩蕩。甚至一度面臨經營危機，陷入了時時刻刻都可能會倒閉的窘境。

跟風蓋主題樂園？沒這麼容易

二〇〇一年，日本環球影城剛落成時其實還是很被大家看好的。那一年的入園人數超過一千一百萬人，以剛開幕來說，算是一個不錯的開始。大家都相信，往後一定會慢慢地向上成長。但沒想到之後的幾年，不增反降。開幕後數年，環球影城的入園人數從一開始的一千萬漸漸地往下跌到了八百萬，到了二〇一〇年，甚至只剩下了七百五十萬。環球影城變成了一個沒什麼人感興趣、也不太會被想起來的主題樂園。

世界知名的主題樂園，爲什麼到了日本，就陷入了這樣的窘境呢？

這就要從環球影城的引進開始說起了。一九八三年，東京迪士尼樂園在千葉縣盛大開幕，得到了前所未有的成功。當時的日本只有動物園或是兒童樂園，並不存在像迪士尼樂園一樣，整體有一個「主題概念」的大規模休閒娛樂園區。迪士尼樂園爆紅之後，日本人便開始想要複製它的成功模式。於是，日本的各個地方縣市就開始出現各種「主題樂園」的興建計畫。

比如說，一九九二年在九州長崎縣開幕，以荷蘭歐洲風

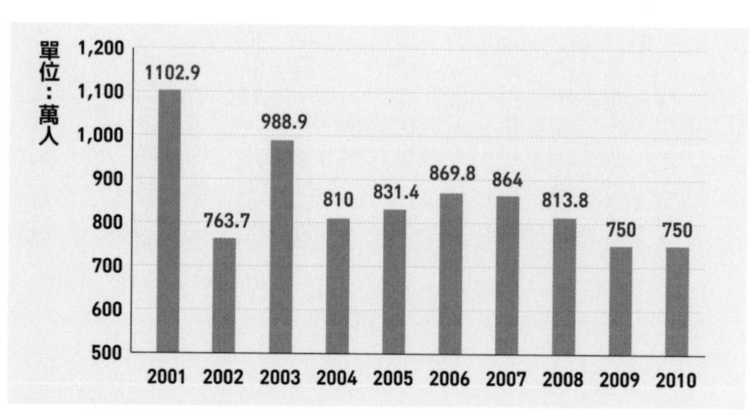

圖表 1 環球影城入園人數不如預期

爲主題的豪斯登堡（ハウステンボス），或是一九九四年在三重縣開幕的志摩西班牙村（志摩スペイン村）。當然，以好萊塢電影爲主題的環球影城，也是在這一波潮流中引進、興建的主題樂園。

當時日本的地方縣市會如此熱衷於興建「主題樂園」，背後也有著時代的眼淚。九〇年代的日本，正好處在一個人口往大都市集中的過渡期。地方人口流失問題開始備受重視，很多地方縣市的主要經濟產業也開始衰退。這個時候，地方縣市看到千葉縣因爲東京迪士尼的成功，狀況明顯改善。大家就開始期許，希望能透過興建屬於自己的主題樂園，來拯救自己的家鄉。

以豪斯登堡來說，其所在的長崎縣佐世保市，以前最主要的經濟支柱是造船產業。八〇年代以後，造船產業逐漸衰退，大家就把希望寄託在豪斯登堡上，期待能藉此帶動地方觀光經濟，取代已經行將就木的造船產業。志摩西班牙村也是如此，三重縣志摩市過去以珍珠養殖場聞名，後來因爲時代改變，珍珠的市場需求越來越低，才試圖轉型，希望能從主題樂園找到活路。而大阪環球影城自然也不例外，整個園區的前身其實是日立造船公司的工廠。在環球影城進駐之前，同樣也是因爲造船產業蕭條，變成了荒地。

基於這樣的背景，地方縣市在興建這些主題樂園的時候，所有人的注意力都集中在建設這些主題樂園要花多少錢？占地多大？主題樂園帶來的經濟效應能不能代替原本的產業？地方的居民能從中受惠多少？行銷策略上的重要思維完全被忽略，像是：我們要爲來遊玩的旅客提供什麼樣的價值？要怎麼提升大家的滿意度，讓大家願意再次來消費？園區要以什麼方式成長，創造永不褪色的樂園體驗？於是乎，主題樂園蓋好是一回事，但大家要不要來玩又是另一回事了。

豪斯登堡在二〇〇三年因爲無法償還兩千多億日圓的債務，申請了破產保護；志摩西班牙村在近年來的入園人數只有開幕當時的四分之一，數年來都持續低迷；至於環球影城，就如前文所述，開幕才沒幾年就變成了慘澹經營、空蕩蕭條

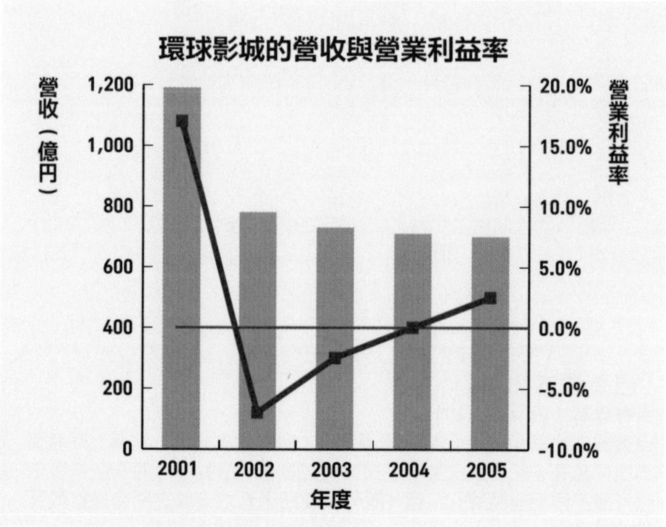

圖表 2　環球影城的營業利益差強人意

的失落樂園。

從窮途末路，再到絕處逢生

當年環球影城為了籌備開幕費用，從各大銀行借來了一千兩百億日圓。這筆欠款在利滾利之下形成了龐大的財務壓力。遊客的門票收入進帳後，經營層的第一件事就是拿錢去還款。這筆債務壓得他們喘不過氣來，也導致他們毫無餘力去投資宣傳招攬遊客，或是提升園內體驗上。遊客人數漸減，還款又更困難，就這樣陷入了嚴重的惡性循環。

直到二〇〇五年，高盛集團（The Goldman Sachs Group）加入，才開始著手進行環球影城的經營重建。他們花了四年的時間改善環球影城的財務體質，壓低負債比率。起初，環球影城的自有資金比率還只有五．五％，到了二〇〇九年，終於提升到了四十．三％。龐大的利息負擔終於得到減輕，環球影城這時才得以站在起跑點上，開始擬定主題樂園應有的成長戰略、顧客體驗。這項重要的工作，高盛集團找來了行銷人才森岡毅來全權負責。

「自有資本比率」
自有資本／總資本 ×100%
自有資本比率指的是企業營運資金中，自有資本所占的比率。自有資本比例越高，表示該企業的經營體質越健全。這個指標的安全值會依照行業不同而有所變化，但一般來說在四十到六十％之間會是比較正常的數值。

森岡毅大學畢業後便進入了日本寶僑集團（The P&G Japan Limited），擔任沙宣（Vidal Sassoon）等重點商品的品牌經理。之後，工作實力受到肯定的他，便移籍至了美國寶僑（The Procter & Gamble Company），負責潘婷（Pantene）北美地區的行銷企畫。他優秀的表現引起了當時日本環球影城執行長甘佩爾（Glenn Gumpel）的注意，二〇一〇年六月，森岡毅離開了寶僑，以執行董事的身分加入了日本環球影城。

接下經營重建這個重要的任務之後，他首先就開始分析，環球影城到底是哪裡不行，為什麼民眾就是不肯來呢？最後，他得出了以下結論：

首先，環球影城對主題樂園的最大消費族群「家庭客層」來說，實在不夠友善。當時的環球影城，主題侷限在美國的好萊塢電影上。園內的遊樂設施，像是《回到未來》、《E. T.外星人》、《蜘蛛人》等等雖然也都有其樂趣，但對小朋友來說，除了內容比較難懂、魅力度較低以外，很多遊樂設施都有身高限制。爸爸媽媽帶著小朋友花三人份的門票進場，結果很多遊樂設施小朋友都提不起興趣，即便有興趣也不能乘坐，實在太不划算了。

再者，是環球影城與東京迪士尼樂園的競爭關係。主題樂園需要投資人或贊助商在背後支持，支持與否看的自然是投資報酬率。對他們來說，同樣都是主題樂園，投資給東京迪士尼樂園肯定是會比較划算的選擇。撇去園內主題不說，單就地理位置來看，東京迪士尼所在的首都圈（包含東京、橫濱、埼玉、千葉等）是世界上最大的都市圈，人口超過三千七百萬人。而大阪環球影城所在的近畿圈（包含大阪、京都、神戶等）則只有一千九百萬人左右。以集客的條件來說，自然，東京迪士尼會比大阪環球影城有利的多。

森岡毅開始計算，大阪商圈以外的民眾來環球影城玩，往返交通費一個人最少也要花三萬日圓，如果是爸爸媽媽帶著一個小朋友加起來就要九萬日圓了，對一個家庭來說所費不貲。環球影城必須要發展出獨特又強大的魅力，才能夠吸引大家不惜花上九萬日圓也想要特地過來玩。

日本環球影城「轉型」的第一步

森岡毅一邊審視大阪環球影城的狀況，一邊也請公司幫忙安排了美國佛羅里達州環球影城（Universal Studios Florida）的視察觀摩行程。剛好那時，佛羅里達的環球影城已經導入了「哈利波特的魔法世界」園區。森岡毅入場體驗之後，驚爲天人。他沉浸在魔法世界的世界觀裡，不禁開始想，大阪環球影城現在就是缺乏像「哈利波特的魔法世界」這樣，讓人不遠千里也想過來體驗的重點園區。導入哈利波特主題，也許就是大阪環球影城經營重建的最佳良藥。

經詢問後，森岡毅驚訝地發現，要打造一個哈利波特園區，所需要的預算竟然高達四百億多日圓！二〇〇八年度，日本環球影城的一年的營收只有六百八十億日圓，淨利不到七十億日圓。以環球影城的財務狀況來說，不論怎麼想都籌不出這麼多資金。

儘管如此，森岡毅還是認爲，不對園區投資，環球影城就沒有未來。二〇一〇年六月上任後，他便訂下了未來的戰略：

第一，環球影城將會在接下來的兩年裡努力創造收益，用以改善「家庭客層」的遊玩體驗。目標是，在二〇一二年新建一個針對孩童設計的遊樂園區「環球奇境（Universal Wonderland）」。

第二，改善遊玩體驗帶來的收益，將用來投資於哈利波特主題園區的興建。環球影城預計籌出四百五十億日圓的預算，在二〇一四年正式導入「哈利波特的魔法世界」。往後，大阪環球影城的集客範圍就可以不再只侷限在近畿圈，變成首都圈，甚至全日本民眾都嚮往的樂園。

以上兩點，我們也可以理解成：從二〇一一年到二〇一四年這段期間，爲了籌到數百億日圓的新園區興建費用，大阪環球影城必須在無法投入大筆預算的狀況下招攬到大量遊客，將營業利益衝到最高。當森岡毅在公司開會時提出這些目標時，大家心裡都出現了四個字：「癡人說夢」。還來不及反應，接下來森岡毅說的話，又再次刷新了大家的認知。

森岡毅說：「爲了達成這些目標，我們首先要做的具體行動，就是推翻環球影城『美國好萊塢電影』這個行之有年的主題。大阪環球影城將不再是以『電影』爲主題的樂園」。此話一出，就引起員工譁然。環球影城顧名思義就是「影城」，怎麼可以擺脫電影主題呢？這樣隨便撤換主題，根本就是在否定員工們至今的努力，也會讓環球影城的粉絲感到失望！

面對如此反彈，森岡毅微微笑，不慌不忙地拿出了日本民眾花在「外出娛樂」消費的調查數據。

舉凡看電影、看球賽、聽演唱會、去居酒屋喝酒等等，所有外出遊玩的娛樂休閒活動都涵蓋在「外出娛樂」其中。根據調查，在這些外出娛樂活動中，日本人花在「看電影」上的錢不到總金額的十分之一。就算把買DVD或是訂閱線上串流影音服務的支出加上去，依然不到十分之一。森岡毅以此來反問員工，如今執著於「好萊塢電影主題」有什麼意義嗎？那還不如把遊戲、漫畫、音樂等所有的娛樂都放進守備範圍，這樣能吸引的客群不就能更多更廣了嗎？

此後，環球影城釋出了一個全新的廣告文案，日文為「世界最高をお届けしたい」，英語譯為「Bring you the best of the world.」，意思是只要是世界最頂級的娛樂，不論是電影、動漫、還是卡通角色，環球影城都可以為大家提供最棒的娛樂體驗。

往後的每一年，環球影城都是朝著這個方向持續邁進。

如何0預算創造最高收益？（一）創造感動

訂下新的營運方針之後，森岡毅變開始著手進行二〇一一年的行銷活動。適逢環球影城的十周年，森岡毅把握這個絕佳的機會，特地與《ONE PIECE 航海王》談好版權合作，打算從開幕紀念日的三月三日開始，盛大舉行為期數個月的十周年紀念活動，為大家帶來全新的體驗。

萬萬沒想到，開幕紀念日的一週後，日本就發生了東日本大地震。雖然大阪不屬於災區，也沒有受到重大民生影響，但因爲當年東北地方的災情實在太嚴重，已到了「國難」的地步，日本全國上下都壟罩在巨大的陰影之中。外出娛樂行業，包括東京迪士尼都將廣告撤除。民眾們都認爲應該要共體時艱、一同哀悼，實在不應該隨便外出、輕率地從事休閒娛樂活動。

這樣的狀況持續了整整兩、三個月，整個環球影城都空空蕩蕩，預約也都被取消。再這樣下去，不要說創造收益，可能連下個月員工的薪資都付不出來。環球影城的十周年紀念活動，陷入了一團泥沼。

面對如此局面，森岡毅意識到，此刻最需要做的就是扭轉「從事休閒娛樂」的負面觀感，給民眾一個正當的理由來環球影城玩。於是他想出了一個名爲「関西から日本を元気にしよう」的活動，意思就是「從關西做起，爲全日本加油打氣、增添活力」。這個活動的最大特色就是，活動期間，所有孩童都可以免費入園。一位孩童可以有一位大人陪同，這位大人也是免費。當森岡毅在內部會議提出這個活動企畫時，馬上就遭到經營高層的猛烈抨擊。經營高層覺得，雖然用意良好，但在如此經營慘澹的情況下，完全免費並不得當，希望至少能改成門票八折或半價的方式。儘管如此，最後在森岡毅的堅持下，活動還是依照原定計畫正式展開了。

環球影城用免費入園的方式，從關西做起，爲全日本加油打氣，這個做法獲得了極大的成功。再配合《ONE PIECE 航海王》的活動，二〇一一年的五月開始，環球影城每天都人潮洶湧，摩肩接踵。儘管門票免費，但大家入園一定會消費餐飲，再加上省到門票、久違出遊等等情緒催化下，買紀念品也會比較大手筆。結果整體計算下來，環球影城不但沒有虧損，甚至還比之前多賺了一點。

這個活動企畫背後，有著非常正向的意義。災害雖然發生，可是孩子的童年不應該也蒙上一層灰，畢竟，每天快樂地在外面玩耍就是孩子們的本分。免費入園的活動扭轉了娛樂的負面觀感，讓孩子們重拾笑容，而看到孩子們玩得開心，大人們也跟著放下了心來，舒緩這些日子以來緊張的情緒。這些闔家開心的遊玩體驗變成了環球影城最好的品牌資產，成功的關鍵也就在於此。

如何0預算創造最高收益？（二）發揮創意

暑假結束之後，環球影城園內又恢復了以往的模樣，人潮稀稀落落。沒預算的行銷，下一步該怎麼吸引客人？森岡毅發現，夏天有暑假，冬天有聖誕節、跨年，春天有寒假、畢業旅行或是新學期，就只有秋天缺乏讓大家出遊的理由，他便從這個角度開始想方法。透過市場調查，他了解到秋天雖然秋高氣爽，但日漸寒冷，日照時間也開始變短，接近年底大家的工作壓力也慢慢變大，比較容易覺得煩悶枯燥，需要發洩。最後，森岡毅想到了「萬聖節活動」這個點子！

其實在這之前，環球影城就已經有了例行的萬聖節活動。每年的九至十月，他們會在白天舉辦萬聖節主題的遊行活動。不過這個遊行並沒有什麼讓人眼睛一亮的魅力，也沒有遊客會專程爲了這個遊行而造訪。

以此爲鑑，森岡毅希望打造的是一個更有集客魅力的、全新的萬聖節活動，宗旨就是要讓大家尖叫、發洩情緒。於是他策畫出了在星光時段舉行的「喪屍圍城大遊行活動」，透過專業電影特效等級的化妝技術，工作人員會打扮的像眞正的喪屍一樣，並且在遊行中突然衝出來嚇唬遊客。

二〇一一年的日本，還未開始流行萬聖節恐怖裝扮活動。這種好比《陰屍路》（*The Walking Dead*）的體驗既新穎又充滿趣味，吸引很多喜歡這類活動的遊客特地前來共襄盛舉，cosplay 成喪屍之後再進場，一起嚇人！很快地，活動就有了「恐怖但超好玩」的口碑，一傳十十傳百，很多年輕人都找三五好友晚上一起來參加，彼此互嚇，釋放壓力。

環球影城的萬聖節活動得到了極大的迴響。森岡毅原先預估的活動參加人數是十四萬人，結果活動期間，每天晚上環球影城車站都擠得水洩不通，參加人數總計達到了四十萬人，相關紀念品也都供不應求。四十萬人這個數字有多厲害？這邊舉出一個參考數據。環球影城花了一百四十億日圓導入的主題遊樂設施「蜘蛛俠驚魂歷險記乘車遊 4K3D」（The Amazing Adventures of Spider-Man 4K3D–The Ride）於二〇〇四年開幕時，整年集客人數也是四十萬人。萬聖節活動僅花了兩個月就達到同樣的效果。而且，喪屍遊行活動的開銷低廉。請工讀生畫好妝出來嚇人，剩下就等遊客自發性參與，裝扮、互相嚇彼此，非常便宜又省事。

森岡毅向員工證明了，不花錢也能夠抓客人的心。儘管發生了大地震，二〇一一年度，環球影城整年的入園人數依然達到了八百八十萬人，比起前年度是增加了百萬人以上。員工們也變得比以前更有自信，對環球影城的未來充滿了希望。有了這些成功體驗，往後的環球影城，也更積極的擴大守備範圍：Hello Kitty、小小兵、《魔物獵人》、《新世紀福音戰士》等等。粉絲在哪裡，環球影城就往哪裡做，不斷嘗試提供令人耳目一新的娛樂體驗，創造新的話題。

如何0預算創造最高收益？（三）逆向思考

二〇一一年的萬聖節活動，給環球影城帶來了前所未有的人氣。二〇一二年，針對孩童、家庭客層的全新園區「環球奇境」也順利地落成，造成了極大的迴響。森岡毅訂下的目標，都逐一達成了。

然而，在《哈利波特》園區開幕的前一年，也就是二〇一三年，森岡毅還是遇到了令他傷透腦筋的事業瓶頸。因爲那年適逢東京迪士尼樂園三十周年，迪士尼從前一年就開始在盛大宣傳紀念活動，加上眾所期待的《哈利波特》園區明年才會落成，大眾多多少少都會有「等明年再去」的心態。狀況對環球影城來說，實在太不樂觀了。

儘管如此，爲了籌出興建《哈利波特》園區的四百五十億日圓，還是得想出吸引大家來玩的企劃。在行銷點子幾乎用盡的情況下，該如何解決困境呢？森岡毅已經想破了頭，甚至連晚上睡覺作夢都會夢到環球影城。某天晚上他夢到，環球影城的雲霄飛車竟然往反方向開，逆向行駛！他睡醒之後發現，這不就是他夢寐以求的好點子嗎？不僅有很強的話題性，還不需要新的投資預算。

隔天早上，他興高采烈地在內部會議上提出了這個點子。沒想到，這個點子馬上就遭到了雲霄飛車負責人員的反對。

技術小組說：「雲霄飛車逆向行駛的話，沒辦法保證它的安全性耶。」

行政小組說：「雲霄飛車的運行都要事先向國家申請，逆向行駛的話，可能需要重新申請。」

森岡毅看到大家都還沒動手去做，就說出這些消極、彷彿事不關己的話，當場勃然大怒。負責人員這時才驚覺他是認眞的，馬上回到工作崗位去推進。檢查的結果發現，安全上沒有疑慮，重新遞交的申請也完全沒有問題，很順利就通過了。

雲霄飛車「倒退嚕」的破天荒創意，一推出馬上就變成了大熱門。現場大排長龍，排隊時間最長竟達到九小時四十分鐘，創下了日本遊樂設施史上最長等候時間的紀錄。如此誇張的數字，使媒體們爭相報導，也間接帶來了第二波的宣傳效果。每個日本人都想親自見識與體驗看看這個「倒退嚕」的雲霄飛車究竟坐起來是什麼感覺。

森岡毅又再次成功地製造了一個新的熱點。而且這一次竟然還是不花半毛錢，就直接創建了一個前所未有的新的遊樂設施。

二〇一四年「哈利波特的魔法世界」順利落成，不僅關東，遠在北海道、九州，甚至是全亞洲的遊客都前來共襄盛舉，打開了世界級的知名度。環球影城的營收與營業利益雙雙創新高，成功地回收了四百五十億日圓的投資，實現了V字復甦。二〇一五年十月的萬聖節，環球影城終於以單月入場人數一百七十五萬人這個數字，超越了當時的東京迪士尼樂園，在那個瞬間，成為了日本第一的主題樂園。

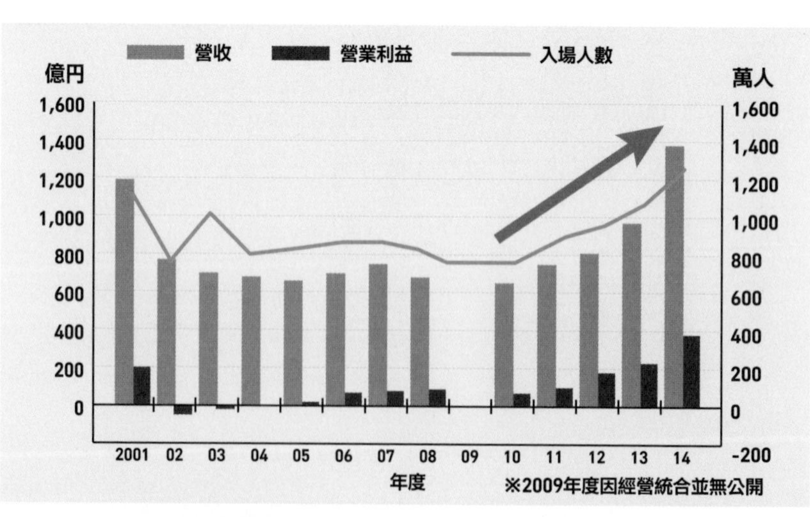

圖表 4　環球影城的經營重建圓滿成功

專欄

大阪環球影城的萬聖節活動剛推出時，主辦方馬上就接到了很多民眾的抱怨。這些聲音分成兩派，一派是「喪屍都不來嚇我」，一派是「喪屍都一直來嚇我」。每位遊客追求的遊玩體驗不同，有的人想要更刺激，更多互動，但對有些人來說，萬聖節活動的音樂照明，恐怖的氛圍，就已經足夠了。面對這個問題，環球影城能怎麼做呢？

森岡毅的團隊很快就把「問題」轉換成了「收益源」。他們開發出了一款周邊商品通稱「喪屍的餌食（ゾンビのエジキ）」。簡單來說就是一款會發光的項鍊，配合萬聖節的恐怖主題，項鍊上的吊飾有的時候是眼球，有的時候是心臟，甚至是骷顱頭。想要追求刺激，希望喪屍可以積極地來嚇自己的民衆，只要花兩千日圓買下這款項鍊掛在身上，工作人員就會知道要去鎖定這位遊客。三五好友一起來的年輕族群會一起買一條輪流戴在身上，互相看對方被嚇時的反應，增添樂趣。這項周邊商品現在已經行之有年，每年都會出不同的款式，也變成了環球影城的必買紀念品之一。

筆者最後一次去大阪環球影城是在二〇二一年十月。主要的目的是想體驗新開幕的超級任天堂世界，同時也想一圓數年前因爲人太多沒有坐到哈利波特的魔法世界重點設施「禁忌之旅」（Harry Potter and the Forbidden Journey）的遺憾。那次的遊玩，令我印象深刻的有兩件事，第一，哈利波特主題園區的遊客人數寥寥無幾，禁忌之旅幾乎不用排隊就可以進去。當然，疫情再加上隔壁超級任天堂世界的新開幕，魔法世界的人氣受到影響是很正常的事。只是我不禁想，大阪環球影城的營運模式，非常的仰賴IP的人氣。像哈利波特主題園區這樣的大筆投資，IP長不長久，能不能以十年二十年的單位去維持粉絲的熱情，將會是環球影城未來的考驗。

第二，我造訪時，整個園區排隊最長的單項遊樂設施是《鬼滅之刃》的XR Ride，是室內雲霄飛車配合上頭戴式VR眼鏡的設施。戴上眼鏡、隨著雲霄飛車擺動身體，就可以完美的體驗作品動感又刺激的世界觀。這項遊樂設施最早是E.T.的室內雲霄飛車，後來經過數次刷新，從二〇一六年開始變成了短期IP合作的專用場地。《進擊的巨人》，《新世紀福音戰士》等等的知名IP都會與之合作。透過這樣的做法，環球影城可以不斷地重複利用硬體設施，不用花太多預算就能夠吸引不同ＩＰ的粉絲造訪。現在流行什麼，就做什麼ＩＰ，換言之，也就是追著ＩＰ跑，這也是大阪環球影城跟東京迪士尼最大的不同之處了。

2.6 東京迪士尼樂園
——全球唯一非直營！迪士尼公司「史上最大的失敗」

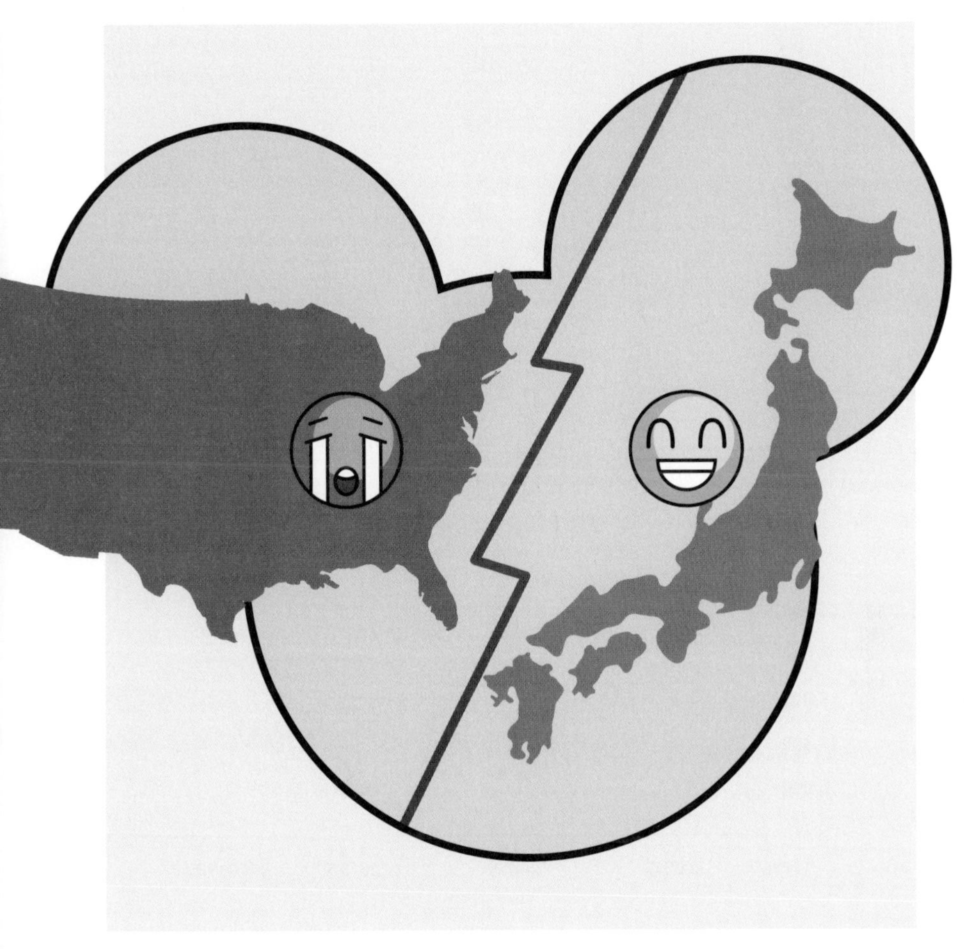

東京迪士尼樂園，是很多人來日本旅遊時的首選觀光景點。人氣之高，在疫情開始以前，不包括迪士尼海洋，東京迪士尼樂園整年的入園人數達到一千七百九十一萬人次，排名世界第三。一九九六年東京迪士尼上市以來至二〇一九年，股價已經翻了八倍。成爲了市值超過五兆日圓，營收將近五千億日圓，營業利益一千億日圓的大企業。

儘管如此，遠在美國的迪士尼公司總部（The Walt Disney Company），卻存在著「東京迪士尼樂園，是迪士尼公司史上最大失敗」的說法。坐擁數以千萬計的粉絲，又如此地賺錢，說是亞洲最成功的主題樂園也不爲過的東京迪士尼，爲何會被貼上失敗的標籤呢？這就要從東京迪士尼如何從美國被引進到日本說起了。

東京迪士尼樂園由大阪萬博衍生？

六〇年代，接連兩個國際盛事在日本舉辦，那就是

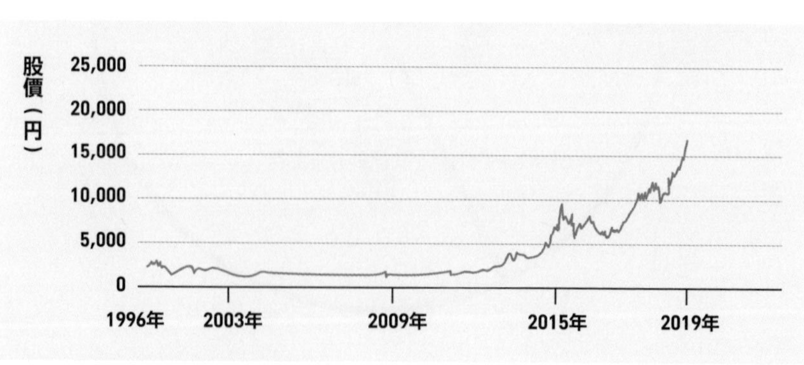

圖表 1　東京迪士尼營運得非常成功

一九六四年的東京奧運，以及一九七〇年的大阪萬國博覽會。當時日本身爲戰敗國，開辦國際集會，牽扯的可是整個國家的顏面。日本政府與民間所有的大企業都視這兩個大會爲最高重點項目，把所有的精力投入其中。

一九七〇年九月，大阪萬博圓滿落幕。所有日本人都沉浸在感動的氣氛之中，久久不能自已。但餘韻漸漸消退之後，一陣空虛感突然來襲。十幾年來一直在眼前的目標突然消失，日本的各大企業，尤其是當年參與大阪萬博的主要開發商，不得不開始考慮：接下來，我們應該朝著什麼邁進呢？於是，各大企業開始舉辦各種內部會議，將負責大阪萬博的人才都集結起來，討論如何開創下一個對國家發展有意義、又能賺錢的事業。集思廣益之時，很快便有人舉手了——「不然，我們可以引進迪士尼樂園來日本呀。」這個點子，馬上就得到了大家的一片贊同。

其實，當年日本爲了要準備大阪萬博，幾乎所有相關人士都去到了美國加州的迪士尼樂園（Disneyland Park）視察觀摩。

準備萬國博覽會，跟加州迪士尼樂園有何關係呢？

如果可以的話，去觀摩上一屆、一九六四年的紐約世界博覽當然會是最好的。只是，負責人員考慮到這個環節的時候，紐約世博會早就已經結束了。經過調查後他們發現，紐約世博會的四個大型主要遊樂設施（Great Moments with Mr. Lincoln、Progress Land、It's a small world、Magic sky way），在結束後被原封不動地搬到了加州迪士尼樂園。於是他們就決定，至少去一趟加州迪士尼實地體驗。

出發之前，他們對迪士尼樂園是沒有太多概念的。當時他們一心就只想借鏡美國，把大阪萬博辦到最好。殊不知一去之後，驚爲天人。加州迪士尼樂園的世界觀與遊玩體驗，讓每個人都受到了極大的衝擊，大家才驚覺：「原來遊樂園可以做到這樣！」也因爲有這樣的共同經歷，當「引進迪士尼到日本」這個點子一出來，馬上獲得了共識。

一九七一年，日本的兩大財閥三井和三菱，各自準備了企畫書，去到了美國迪士尼公司說明了來意。但是，他們卻都有了一樣的下場——根本還沒有機會說明詳細的企畫內容，就被請了出去。迪士尼公司會有如此舉動，絕對不是因爲小看了這兩大財閥的經濟實力，而是因爲早在三井和三菱來之前，就有別的日本人來過了。

日本人的「致敬」激怒華特．迪士尼？

在日本的奈良縣，有一個現已成廢墟的樂園，叫做「奈良 Dreamland（奈良ド

リームランド）」。這個樂園，在日本是非常有名的迪士尼「致敬」樂園。

在三井和三菱赴美提案的十多年以前，有位名叫松尾國三的實業家，率先有了將迪士尼引進日本的想法，並且付諸了行動。他去到了美國迪士尼公司，而且還很幸運地見到了華特・迪士尼先生（Walt Disney）。面對這位素未謀面但滿腔熱忱的日本人，儘管印象不差，但基於商業角度，迪士尼公司最後派出了華特先生的哥哥，洛伊・迪士尼（Roy Oliver Disney）委婉地予以拒絕。

松尾國三不肯放棄，又再次帶著建築師來到了美國迪士尼樂園，拿出捲尺、當場就開始測量園內的建築物。華特・迪士尼看著他們如此專注地研究園內的建築設計，不免也被松尾國三的熱情打動，便親自指導了他們一些經營遊樂園的方法，甚至還免費指派了數位迪士尼的建築師飛去日本指導他們。

當時迪士尼公司針對商業合作已經做出明確拒絕，而且也並沒有正式簽約。華特・迪士尼會願意提供這些指導，出發點在於傳遞知識。基於善意，幫日本人興建日本自己的主題樂園。

而這個主題樂園，就是日後的「奈良 Dreamland」。「奈良 Dreamland」園區內建築以及遊樂設施的設計，幾乎是完全仿造了迪士尼樂園，就只差沒有出現米奇了。東京迪士尼樂園營運公司的執行長加賀見俊夫在他的著作裡寫道：「完工後，華特．迪士尼看到照片，當場大發雷霆。他認為自己的善意受到利用，怒吼著：『再也不跟日本人合作！日本人都不能信任！』」從此，美國迪士尼公司就對日本拒而遠之。一九七一年三井和三菱去提案的時候，華特先生已經過世好幾年了。但十幾年前的「華特．迪士尼震怒事件」帶來的影響實在太大。迪士尼總部看著這些日本人帶來的企畫書，心中有的只是無限猜忌和不信任。所以一開始才會將他們掃地出門。

「富士山迪士尼樂園」的幻滅

數年後，禁不起三井和三菱的三顧茅廬，迪士尼總部終於決定開始靜下心，準備好好地來聆聽、評估這兩家公司的企畫。

三菱說：「選我們的話，我們將會把迪士尼樂園建在富士山的山腳下。三菱集團在那邊已經有一個賽車場、以及多項娛樂設施，附近還有很多待開發土地。到時候，就可以興建出占地超越佛羅里達迪士尼（Walt Disney World Resort）的巨大『富士山迪士尼樂園』！」

面對競爭對手，三井則是把迪士尼總部的董事都請到了日本，用私家直升機帶著他們繞了東京上空一周。三井說：「你們不要被三菱騙了，富士山其實離首都圈非常的遠，交通很不方便。我們選的建設基地是在千葉的舞濱，從東京車站出發，最快十五分就可以抵達。」負責人將手指向海面，胸有成竹地說：「你們看，雖然現在還只是一片海，但我們已經跟千葉縣政府談好了填海造地，到時候我們的迪士尼樂園，就會叫做東京迪士尼樂園！」這就是東京迪士尼樂園誕生的瞬間了。

迪士尼總部認爲三井的企畫案，更勝一籌。填海造地，就可以從零開始。不僅迪士尼樂園本體，包括樂園周邊的飯店，都可以自由且宏觀地進行規畫。這樣一來，就經營的視角來說，自然是比較有利。東京迪士尼的建造計畫，就這麼拍板定案了。

至此，華特·迪士尼那句：「再也不跟日本人工作，再也不相信日本人！」已經沒有任何影響力了。讀者們也許會覺得，這也變得太快了吧。其實，當時迪士尼總部會願意放下身段，背後還有一個非常令人揪心的祕密。那就是，當時的迪士尼，已經瀕臨破產。

東京迪士尼樂園 簽約條件大揭密

七〇年代，加州和佛羅里達的迪士尼樂園雖然經營得很不錯，但是迪士尼公司的重要收益來源——電影事業，卻是在逐年走下坡。再加上華特．迪士尼過世之前，留下了一個遺願，那就是：建立一個以未來世界爲主題的迪士尼主題公園。這個主題公園就是現在位在佛羅里達州的「Epcot」（Experimental Prototype Community of Tomorrow 未來社區的實驗原型，又稱艾波卡特、未來世界）。

一九六六年華特．迪士尼過世後，迪士尼公司爲了要完成此一遺願，開始不停地投資大筆資金在未來世界的計畫開發上。但是沒有了華特．迪士尼的指揮，開發過程極其不順利。儘管迪士尼已經持續好幾年投下了巨額預算，未來世界的構想距離成型仍有很大一段距離。再加上電影事業沒有起色，迪士尼的資金周轉已經開始出現問題。

狀況於是演變成，日本人信誓旦旦說要做東京迪士尼樂園，那就讓他們做吧。但條件是，迪士尼只要利益，不承擔任何風險。換句話說，就是迪士尼總部認爲：說實話，日本人能否成功，我們仍持保留態度，但絕對不能讓東京迪士尼的失敗影響到總部。

最後，契約的內容從「合資興建」被改成了「提供授權」。迪士尼公司負責所有園內遊樂設施及建築物的「開發設計」。決定好的開發設計，由日方來履行施工興建。開發設計和施工興建需要的所有費用都由日方自行負擔。樂園開幕後，東京迪士尼樂園的經營行銷決策，以及最後的銷售額都歸日方所管。但往後，日方須無條件支付入場券銷售總額的百分之十，以及餐飲與紀念品銷售總額的百分之五給迪士尼總部。

也就是說，迪士尼公司保有全部的設計主控權。大到東京迪士尼樂園的遊樂設施、建築物、表演節目、小至遊客服務、角色戲服全權由迪士尼公司決定。但是，東京迪士尼樂園的門票要賣多少錢，要不要設入園限制人數，要瞄準那些客群，要訂定怎樣的行銷企畫，工讀生有什麼樣的雇用門檻？所有關於企業管理與經營戰略的部分，迪士尼總部都無權插手。

迪士尼總部爲了規避風險，訂定了這樣的契約，後來，從開發到完工，日方總共支付了一千八百億日圓的建設費用。就這樣，

美方		日方
僅負責開發設計 象徵性投資 250 萬美元	**前期開發施建**	負責施工興建 支付期間所有相關費用
獲得分成 入場券銷售總額 10% 餐飲與紀念品銷售總額 5%	**營運之後**	擁有經營、行銷、銷售額的 絕對管理權

圖表 2　迪士尼總部與東京迪士尼的分工和分成

一九八三年，迪士尼公司第一座走出美國的主題樂園，在日本誕生了。

悔不當初！迪士尼公司「東京的惡夢」

接下來，就如本節開頭提到的，東京迪士尼樂園獲得了極大的成功，成爲了亞洲最大、最受歡迎的主題樂園。儘管如此，不論東京迪士尼樂園多有人氣，多賺錢，迪士尼總部永遠都只能收固定幾％的門票餐飲分紅，甚至沒有辦法插手經營。關於這件事，迪士尼公司的前執行長麥克・艾斯納（Michael Eisner）在他的著作《高感性事業》（*Work in Progress*）中也闡述了他的不甘心，「（東京迪士尼樂園中）光是占地約兩千平方英尺的糖果店，每年營收就創下一億美元。未能擁有東京迪士尼的代價眞是高昂。」這也就是爲什麼迪士尼公司會認爲，東京迪士尼樂園是他們最大的失敗。

在迪士尼總部，東京迪士尼樂園也被稱作「東京的惡夢」。一直到現在，東京迪士尼樂園都還是世界上唯一一間迪士尼總部無法插手的——「非直營」迪士尼樂園。

後來，東京迪士尼樂園讓迪士尼總部看到了走出世界的商機，便積極在世界各地拓展迪士尼樂園。只是此後迪士尼的經營，卻沒有想像中順利。

東京迪士尼樂園的「失敗」讓迪士尼公司前執行長麥克・艾斯納決定，日後若建造新的主題樂園，一定要當最大股東。然而，一九九二年巴黎迪士尼樂園盛大開幕後，但卻乏人問津。二〇一一年，巴黎迪士尼樂園宣布負債超過十八億歐元，變成了迪士尼「巴黎的惡夢」。二〇〇五年迪士尼樂園在香港正式開幕，但自開幕後到二〇一九年，年度財報只有三年是黑字，虧損重大，這又變成了迪士尼「香港的惡夢」。

專欄

「東京迪士尼樂園，是迪士尼公司史上最大的失敗。」

一九九三年，在東京迪士尼樂園開幕十周年的紀念典禮上，受邀出席的迪士尼前執行長麥克．艾斯納在致詞時，以半開玩笑的方式承認了自己的「失敗」。之後，就變成了日本民衆們津津樂道的話題，至今仍傳唱不已。

艾斯納在他的著作中也提到過他對東京迪士尼的悔恨，尤其在「紀念品分成數字設定的太低」這一項，他著墨不少。他寫道：「日本這個國家的人民有從度假地點帶回禮物的習慣，最後證明商品極其受歡迎。」「遊園人數在十年內成長至一千六百萬人，由商品獲利即可知迪士尼放棄了多少收益。」契約內容規定，每年日方必須無條件支付紀念品銷售總額的百分之五給迪士尼總部。就是這個五％的數字，讓艾納斯遺憾不已，因爲他們本應可以擁有商品的獨家販售權。當初交涉時，日方爲籌措興建資金，會提議以商品的獨家販售權來交換迪士尼公司兩千萬美元的投資。但迪士尼公司評估後嫌金額過高，未能出手。

二〇一八年度，東京迪士尼樂園（包含迪士尼海洋）的門票收入是兩千零一十七億日圓，占四十七％；紀念品收入是一千五百二十四億日圓，佔三十五％；

餐飲收入則是七百六十三億日圓，佔十八%。以構成比率來計算，門票與紀念品僅相差了十%左右。可見紀念品在東京迪士尼樂園裡舉足輕重的地位。

常來日本玩，或是在日商工作的朋友可能就知道，日本人不管去到哪裡，一定至少都會買一盒當地的點心禮盒，帶回來分給同事朋友。家人，或是好友，一人一個小東西小吊飾，都是必須的。日本有獨特的紀念品文化，但美國沒有。簽約當時，美國迪士尼樂園的紀念品銷售額占比並不高，非常不受重視。迪士尼總部沒有分析日本市場的特性，認爲是不划算的投資，放棄了獨家商品權，輕易訂下了合約分成數字。這也難怪迪士尼總部日後會這麼悔恨了。

2.7 吉卜力工作室

——百億票房仍是赤字，宮崎駿「三高」的商業模式

這一節，我們要從商業的角度來談談，宮崎駿的吉卜力工作室。

宮崎駿創作的動畫電影獲獎無數，享譽國際。他在動畫產業上的成就，以及超過半個世紀為影迷們帶來的感動，當然是無法以商業的角度來蓋括的。

但其實，就算已經是國寶級大師，在宮崎駿創作時，他也還是不得不顧及到作品的「商業性」。宮崎駿時常會把他創作動畫電影的三大原則掛在嘴邊。第一點是，有趣；第二點是，有價值；第三點，那就是——要能賺錢。

天才動畫大師創作的大原則竟然是「要能賺錢」，讀者們是否會覺得有些意外呢？

怎麼會？百億票房佳績，工作室卻仍赤字！

你知道在日本電影的歷代票房排行榜上，票房有超過一百億日圓的日本電影有幾部嗎？超過半世紀的歲月，只有十四部。這之中，宮崎駿老師就貢獻了五部。《神隱少女》、《魔法公主》、《霍爾的移動城堡》、《崖上的波妞》，以及《風起》。

吉卜力工作室只要推出新電影，動輒都是數十數百億日圓的票房收入。如果我們把吉卜力工作室出品的電影，票房全部都加起來，總共是一千四百多億日圓；那這樣是不是就表示，吉卜力工作室賺得盆滿缽滿呢？

吉卜力的王牌製作人，鈴木敏夫受邀上節目（TBS「水トク！」二〇一三年十一月首播）時，主持人也問了他同樣的問題。他面有難色地說：「工作室根本沒有剩下多少錢。眞的，我沒有騙你，眞的沒有剩下多少錢。」他接著說：「宮崎駿的電影，就算票房超過一百億日圓，對工作室來說依然是赤字。我們經營得非常辛苦。」

爲什麼會出現這樣的狀況呢？要解答這個問題，首先我們就需要來弄清楚，票房賺來的收入，會怎樣去做分配。

假設吉卜力工作室有一部電影，電影票價是一千八百日圓，總共吸引了兩百萬名的民眾進電影院觀看。一千八百元乘以兩百萬，就是三十六億日圓。這就是所謂的票房收入。三十六億日圓，電影院會拿走一半，作爲電影院的經營收入。這樣就剩下十八億日圓。這十八億日圓，就歸電影的發行商。最後，發行商會再把這十八億日圓的一半，當作給吉卜力工作室的收益。

也就是說，吉卜力的收入我們可以簡單地想成是「票房的四分

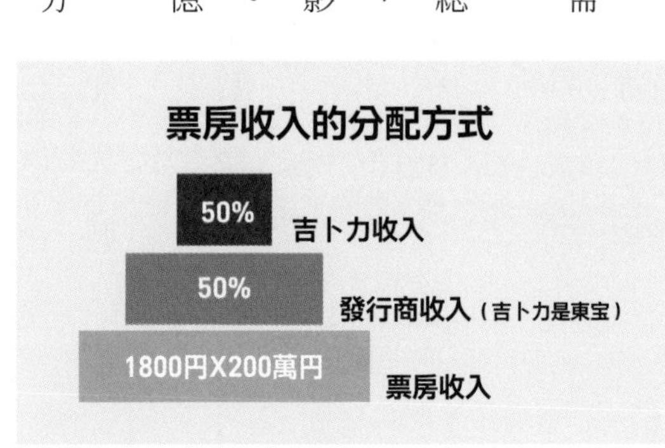

圖表 1 吉卜力的收入是票房的 4 分之 1

之一」。吉卜力工作室每個作品都是動輒數十數百億的票房，就算只能拿到四分之一，賺到的錢應該也不容小覷才是吧？爲什麼吉卜力會說自己是赤字呢？入不敷出，想當然，問題就是在支出上了。

圖表2是吉卜力歷代電影的票房收入，以及該作品所支出的動畫製作費用一覽。我們可以看到，初期的《風之谷》、《天空之城》，收益都不盡理想。《龍貓》跟《螢火蟲之墓》是同天上映，票房和製作費是合計的，更是虧損了九億日圓。之後的《魔女宅急便》、《紅豬》開始漸漸有起色，一直到《魔法公主》，大賺了二十七億日圓。此後，就進入了宮崎駿老師的黃金期！

《神隱少女》以二十億日圓的製作費，創下前所未有的三百億日圓票房。二〇〇一年上映以來，維持了將近二十年的日本電影史上最高票房紀錄，一直到二〇二〇年十二月，這個紀錄才被《鬼滅之刃劇場版：無限列車篇》改寫。之後的《霍爾的移動城堡》，成績也很優異。由宮崎駿的兒子執導的《地海戰記》雖然赤字了三億日圓，但以一個新人動畫導演來說，七十七億日圓的票房，已經是非常優秀的成績了。緊接著《崖上的波妞》帶來了五億黑字，之後就是一片紅了。

《來自紅花坂》虧損了十一億日圓。宮崎駿老師的引退之作《風起》，收入成

年份	片名	導演	票房	製作費	收益
1984	風之谷	宮崎駿	15 億	4 億	0 億
1986	天空之城	宮崎駿	12 億	8 億	–5 億
1988	龍貓 螢火蟲之墓	宮崎駿 高畑勳	12 億	12 億	–9 億
1989	魔女宅急便	宮崎駿	37 億	4 億	5 億
1992	紅豬	宮崎駿	48 億	9 億	3 億
1997	魔法公主	宮崎駿	193 億	21 億	27 億
2001	神隱少女	宮崎駿	304 億	20 億	56 億
2004	霍爾的移動城堡	宮崎駿	196 億	24 億	25 億
2006	地海戰記	宮崎吾朗	77 億	22 億	–3 億
2008	崖上的波妞	宮崎駿	155 億	34 億	5 億
2011	來自紅花坂	宮崎吾朗	45 億	22 億	–11 億
2013	風起	宮崎駿	120 億	30 億	0 億
2013	耀輝姬物語	高畑勳	25 億	52 億	–46 億
2014	回憶中的瑪妮	米林宏昌	35 億	12 億	–3 億

圖表 2 神隱少女是吉卜力登峰造極之作

本正負相抵打平。《輝耀姬物語》製作費投下了五十二億日圓，票房卻連一半都不到，整整虧損了四十六億日圓。我們可以看到，從《魔法公主》開始，吉卜力系列作品的製作費就直線上升。從早期的數億日圓，到後來的二十、三十億，再飆升到五十億日圓。

雖然知道做動畫需要花費高額預算，但兩個小時的動畫影片，五十億！

到底爲什麼，吉卜力的製作費用會這麼貴呢？

慢工細活出經典，製作費卻也水漲船高

吉卜力工作室的製作費會如此高昂，最簡單直接的原因就在於——宮崎駿和高畑勳兩位大師異於常人的堅持。

一支長篇動畫電影，通常會需要動用到四、五百名動畫師。製作費最大的支出當然就是這些動畫師的薪水。製作時程越長，所需要付出的薪水就越多，自然製作費就會往上升。鈴木敏夫製作人說，在吉卜力工作室，一位動畫師一周需要完成的動畫時長是五秒鐘。也就是說，一個人一個月就只做二十秒的動畫，一年就是四分鐘。在吉卜力工作室，要做兩個小時的動畫電影，最少要花兩年的時間。注意，這

是最少。

在一般的動畫工作室裡頭，通常畫面人物的動作、表情，或是整體的表現形式，負責的動畫師會有比較大的自由創作空間。但是在吉卜力工作室，宮崎駿會非常仔細地確認動畫師交上來的東西，常常就是：「不是這樣子！全部重畫！」當然，像宮崎駿這樣的天才，不是每個動畫師都有辦法準確畫出他所想像的東西。這個時候宮崎駿就會說：「唉！我來畫！」

製作時程不停地往後延，製作費當然也就水漲船高。不知道大家還記不記得，《龍貓》電影約三十分鐘處有一幕是，妹妹小梅在龍貓的肚子上玩耍。那一幕，吉卜力優秀的動畫師畫到天昏地暗，宮崎駿都皺眉：「不行，太硬了！」沒有人能夠理解，宮崎駿想要表現的是什麼樣的感覺。最後只能宮崎駿老師親自上場。看到畫面大家才知道，原來龍貓的肚子是這樣軟綿綿的，踩在上面會有那種凹下去又彈回來的Q彈感覺。其他還有像是《霍爾的移動城堡》裡的火惡魔卡西法。形狀時時刻刻都在變化的火焰，經歷了多位動畫師的嘔心瀝血，最後同樣也是宮崎駿老師一句，「我來畫！」才得以完成。

也就是說，一位動畫師一周畫五秒，但這五秒可能會需要無限次的重畫。在吉卜力，只出現五秒的場景，很多時候都會需要花上一到兩個月的時間。就變成，其他動畫公司最多只要花數億就可以畫好的作品，因爲是吉卜力，就需要花上二、三十億。

吉卜力工作室在日本動畫行業裡作風之特殊，不言而喻。然而，撇去他們對作畫的堅持，吉卜力工作室在經營模式上也是獨樹一格。

宮崎駿的理想與現實

吉卜力工作室只製作院線上映用的長篇動畫電影。這在日本，甚至就世界來說，都極其罕見。因爲電影「賭」的成分太高了。如果事業主幹完全放在電影的製作上的話，每次推出，都不能保證票房的成敗。很有可能會收支打平做白工，甚至入不敷出大虧損。就經營的視角來說，風險太高了。一般動畫工作室通常都會以製作電視卡通爲主要事業，如果有餘力或是有比較好的機會，才會著手製作動畫電影。而且，日本的動畫電影很多都是從電視卡通起步，先在電視上播映，反應不錯，評估票房有希望，才會去製作動畫電影。

其實吉卜力的兩大王牌宮崎駿和高畑勳，早年在東映動畫工作的時候，也是參

與了不少電視卡通的製作。像是一九七四年首次播出，到現在時常還可以看到電視重播的傳奇神作《小天使》（アルプスの少女ハイジ），就是出自兩位老師之手。

只是那個時候，兩位大師一邊工作，一邊就覺得「這不是我想要的」。宮崎駿開始意識到，他所追求的是，用動畫的手法，對人性做出既豐富又纖細的描繪，抑或是去表現人間近乎眞實的喜怒哀樂；這些，透過電視卡通，實在沒有辦法達成。因爲電視卡通牽扯到電視台和贊助商，在預算和製作時程都很受到制約，自然無法實現大師的期待。

也就是因爲這樣，一九八五年，兩位大師毅然決然地辭掉了工作，成立了吉卜力工作室。他們下定了決心，在吉卜力這個小天地裡，他們要用盡所有的心力去實踐理想，動畫裡的每一幀每一秒他們都要做到完美，絕不妥協。至於預算或製作時程，這些都不重要！

吉卜力工作室的事業，就這樣展開了。當時周圍的人都覺得，吉卜力工作室恐怕撐不了太久。畢竟，風險實在太高了。大家都搖頭：只做動畫電影，如果不賣座一下子就要賠掉好幾億，吃不消的。確實是如此，所以當時的吉卜力工作室爲了將風險降到最低，也都不敢雇用正職社員。他們在籌備作品的時候會外聘約七十名的動畫師來幫忙，各自的負責部分完成之後，就請他們回家，以減少人事成本。

以這樣的方式，吉卜力先後製作了《天空之城》、《龍貓》、《螢火蟲之墓》三部電影。雖然現在看起來都是世界級的經典作品，但在電影推出的八〇年代，三部作品的票房都不如預期，吉卜力工作室也尚未擁有像現在這樣全日本，以至於全世界的知名度。龐大的製作費，讓公司開始非常的吃緊。就在這個時候，吉卜力迎來了他們的第一個轉折點。那就是《魔女宅急便》。一九八九年，《魔女宅急便》上映之後吸引了兩百六十四萬人前來觀看，獲得了三十七億日圓的票房，成爲了那一年最賣座的日本電影。吉卜力獲得了極大的成功，工作室所有的動畫師都興奮不已。只是，當大家都還沉浸在作品終於受到大眾肯定的喜悅之中，宮崎駿卻若有所思。

沒過多久，宮崎駿老師就在經營層會議中給出了兩個提案。第一，對於這些動畫師，希望工作室可以採正職的方式雇用他們，並且讓他們可以像普通上班族一樣，領固定月薪，並將薪水提升至現在的兩倍；第二，希望可以定期雇用新人，並且投入資源去培養他們。

當時的日本動畫業界，動畫師是沒有固定薪水的。一般來說，都是依照動畫師交的稿件量乘以單價，去計算給他們的酬勞。動畫師們的工時長，要求高，但薪水卻都只有普通上班族的一半，生活很沒有保障。而宮崎駿這兩點提案的出發點就在於，現在日本動畫業界的大環境這麼糟，要做出好的作品，就需要培養這些動畫師，不僅要保障他們的生活，還要提供培育制度與良好的工作環境給他們。

之後，工作室就一邊籌備下一部電影，《兒時的點點滴滴》，一邊開始了內部的改革。一段時間之後，宮崎駿老師的兩大目標，都順利達成了。欣慰之餘，另一個問題卻也開始浮上水面。

製作費實在太高了。人事費用占吉卜力動畫製作費的八成，現在不僅每個月要發固定薪水，還變成了兩倍。換句話說，吉卜力的動畫製作費也直接變成了兩倍。雖然這些都是在內部改革之前就可以預想的到；但實際上發生的時候，還是壓得工作室喘不過氣來。

那怎麼辦？不能節流，當然只能開源。就是從這個時候開始，宮崎駿開始領悟了賺錢的重要。

吉卜力的「三高」與票房戰略

以前的吉卜力工作室，專注於埋頭苦幹、做出好電影。但現在，宮崎駿也了解了，要維持吉卜力工作室的經營，進而繼續創作出優質作品，就必須在賺錢上下功夫。除了電影內容要優質以外，要衝票房，還需要搭配有計畫的電影宣傳和行銷戰略。當時吉卜力工作室常務董事原徹就說出了這麼一句話，「吉卜力有 3H——High Cost, High Risk, High Return.」花大錢做高品質的電影，在風險很高的狀況下，期待高回報，這就是吉卜力的經營模式。

但其實，就算眞的如預期，電影賣座創造了「High Return」，這些也不會變成吉卜力的資產。因爲雇用正職動畫師，就表示不管公司有沒有工作，每個月都要流出很多人事費用。爲了塡補支出，就要需要趕快加緊做出下一部作品來賺錢才行。也因此，電影票房的收入一到吉卜力手上，就會立刻被拿去塡補下一部電影的製作費用。就這樣不停的循環，每個人披星戴月，一百二十%運轉。《兒時的點點滴滴》的製作時程甚至還跟《紅豬》重疊，待辦事項堆積如山，卻無人手對應。最後連宮崎駿老師都不免抱怨：「全部都叫我一個人做就對了啦！（原話：制作も何

もかも、ぜんぶひとりでやれというのか）」

賺錢很重要，衝票房是終極目標。在這樣的狀況下，吉卜力也發展了自己的一套行銷戰略。其實要讓日本人去電影院看電影，並不是什麼容易的事情。據統計，日本人一年去電影院看電影的次數，平均是一．五次（參考自《映画上映活動年鑑2019》）要衝吉卜力的票房，就要需要媒體的大量宣傳。讓民眾眼睛一亮，覺得這次的吉卜力作品非看不可。雖然說是宣傳，但吉卜力的電影根本沒有預算再另外去投放廣告。於是他們便採取了一個非常有趣的宣傳手法，叫做「特別贊助」。

一般的贊助，不外乎就是從廠商收取贊助費後，在電影裡置入廠商的商品；或是將自己的電影角色授權給廠商，使其出現在企業的電視或平面廣告裡。但想當然的，宮崎駿當然不會容許廠商的商品出現在他精心設計的每個鏡頭，他也不希望讓個性鮮明，情感刻畫細膩的角色們，變成廠商用來推銷商品的廣告明星。所以吉卜力採取的是——不收取贊助費的「特別贊助」方式。

吉卜力每次推出新作品，就會按照作品的世界觀，廠商規模等條件去篩選特別贊助廠商。比如說，《神隱少女》是雀巢集團（Nestlé），《霍爾的移動城堡》是好侍食品（ハウス食品），《崖上的波妞》是朝日飲料（アサヒ飲料）。被選中的廠商，就有權利投放「結合電影預告的企業形象廣告」。

這些廣告通常會以電視廣告的方式呈現，宣傳電影的同時，畫面也會打上「本公司支持吉卜力新作品」的字樣。這樣一來，廠商不僅能吸引到很多吉卜力的粉絲，也會帶給社會大眾非常正向的觀感。畢竟能夠獲選成爲國民級動畫工作室的特別贊助廠商，就代表著企業形象和商品受到認可，是一件很榮幸的事，廠商自然會樂意投下大把預算在宣傳廣告上。而對吉卜力來說，他們不用花一毛錢，就可以收穫很多幫忙宣傳上映中作品的廣告，簡直是再好不過的雙贏了。

然而，如同前述，《神隱少女》、《霍爾的移動城堡》這一段黃金期過後，票房就一直不如預期。每年二十億日圓的人事成本開始入不敷出，吉卜力只能選擇不斷裁員。二〇一四年，年事已高的宮崎駿老師宣布退休，吉卜力將整個製作部門都關閉，所有的員工都遭到資遣。媒體說，吉卜力本來想成爲日本動畫製作業界的模範生、北極星。但現在，北極星殞落了。

不過大家也不需要覺得唏噓，退休宣言的三年後，宮崎駿又決定回來了。理由是「找到了值得製作的題材」。在這三年之間，宮崎駿雖然說是退休，但他的雙手卻從沒有停止過製作動畫作品。那段期間，宮崎駿將心力投注於爲三鷹之森吉卜力美術館製作特別短片《毛毛蟲波羅》上。得力於年輕動畫師們的幫助，他第一次嘗試將ＣＧ融入在他的作品裡。過程中，他心裡那股對長篇動畫電影的熱情又再次燃燒了起來。二〇一七年，吉卜力宣布開始籌備新的動畫電影，並且也在官方網站上積極召募願意加入他們的動畫師。面對從世界各地湧進來的報名，吉卜力最後選了十一位新人。新作《你想活出怎樣的人生》（君たちはどう生きるか）很快就會跟大家見面。

專欄

吉卜力工作室的收益來源不只日本的電影票房，還有周邊商品、DVD、電視放映，與海外票房。照理說，這些加起來應該是不小的收入來源。那爲什麼鈴木敏夫製作人還會說出吉卜力財務赤字，經營很辛苦這樣的話呢？

關於周邊商品收益的分配，雖然我們無從得知眞實的數字，但以業界常有的製作委員會模式來說，動畫製作公司能拿到的分成通常會是整體版權費用的三．五%。比如說，一千日圓的娃娃，假設版權稅率是五%，賣掉了二十萬個，玩具廠商需要付的版權費用就是一千萬日圓。動畫製作公司能分得的收益就是三十五萬日圓。當然，吉卜力對商品化授權之嚴格，也是非常有名的。

筆者曾經聽相關產業的前輩提起過，過去有一間童裝公司，主打商品是卡通角色的夜光睡衣。顧名思義就是關燈後，衣服上的卡通圖案會發亮的睡衣。商品推出後，很受學齡前孩童和家長的歡迎。因爲那個年紀的孩童剛好正在慢慢練習獨立成長、晚上一個人睡。關燈之後，夜光睡衣上會顯現出自己喜歡的卡通角色，孩子們便能覺得不再孤單，更有勇氣。這間公司希望能拓展更多卡通角色，便準備了提案書，敲響了吉卜力公司的大門。

提案時，童裝公司的負責人興沖沖地說道：「有了這款夜光睡衣，晚上孩子們起來上廁所時，就再也不會害怕了。」本來以爲十拿九穩，但只見宮崎駿眉頭一皺，說道：「對小孩來說，晚上起來上廁所本來就是應該要害怕的事。」說完便將負責人請出了門外。之後的幾年內，這間公司的所有商品都沒有機會拿到任何吉卜力作品的授權。從這個故事我們就可以知道，吉卜力對作品及世界觀的堅持，是完整延伸到了周邊商品的授權上。周邊商品的收益，並不是一個能夠有太多期待的數字。

DVD或是影音產品，其實跟周邊商品也是是類似的概念。如果是以版權方式的話，同樣也是需要經過發行商，販售商，零售，再到消費者手上。再加上盜版的猖獗，最後能到動畫製作公司手上的金額，也是少之又少。

這樣的話，至少還有海外的票房收益吧？

二〇一三年，吉卜力推出了《風起》，同一時間宮崎駿宣布引退。世界各大媒體紛紛以「大師最後的作品」來報導、剖析這部作品。在這樣的環境下，《風起》的全世界票房賣了一．三六億美元，但其中日本地區的票房就占了絕大部分的一．一九億美元。可以看出，吉卜力的作品雖然享譽世界，但票房大宗還是日本。宮崎駿本人也直言，對海外市場毫無興趣，作品的企畫、製作都是面向日本市場在進行，以前是，未來也會是。

除此之外，還有一個比較大宗的收益來源就是作品在電視上的放映權。吉卜力作品在日本市場播映價值非常高，是收視率保證，電視台可以找到不少願意贊助該時間檔的廠商。一般來說，都是由日本電視台（Nippon Television Network Corporation）花錢買斷未來三至五年的播映權，金額的上限是該作品院線上映時票房的十％。

總結下來，其實票房以外的收入，基本上也是隨著票房賣不賣座，作品受不受歡迎而變動。也就是說，票房赤字的電影基本也不太會出現因為DVD或周邊商品，就能獲得重大改善。它們的收入對吉卜力本身的經營並沒有絕對影響，吉卜力也從來沒有視其為指標過。就算多少賺了一些吧，一部《輝耀姬物語》一下子就可以燒掉四十六億日圓，遠遠不是其他收益來源能填補的，鈴木製作人的辛苦可想而知。宮崎駿老師宣布撤回引退宣言，製作新作之後，鈴木製作人為了給宮崎駿老師籌錢，也是嘗試過無數方法，《神隱少女》的重新上映，作品在線上串流影音平台上架，都是其中之一。

2.8
日本影視——日本動畫稱霸全球，日產電影及日劇卻走不上國際舞台？

這幾年筆者常常會想，「爲什麼日本動畫在世界擁有超人氣，但日本的國產眞人電影或日劇，卻無法創造出超越亞洲，具有世界規模的經濟效應？」尤其在《魷魚遊戲》帶來全球社會現象，並勇奪六座艾美獎之後，這個問題更讓我感到困惑。

日本動畫如何享譽國際，想必已經不需要多說了。《鬼滅之刃劇場版：無限列車篇》在日本創下了影史奇蹟，成爲了史上最賣座電影；在台灣也寫下了動畫電影史上最高票房紀錄；甚至在美國，也成爲美國外語片首映冠軍。吉卜力工作室、新海誠導演、《週刊少年Jump》系列的《ONE PIECE 航海王》、

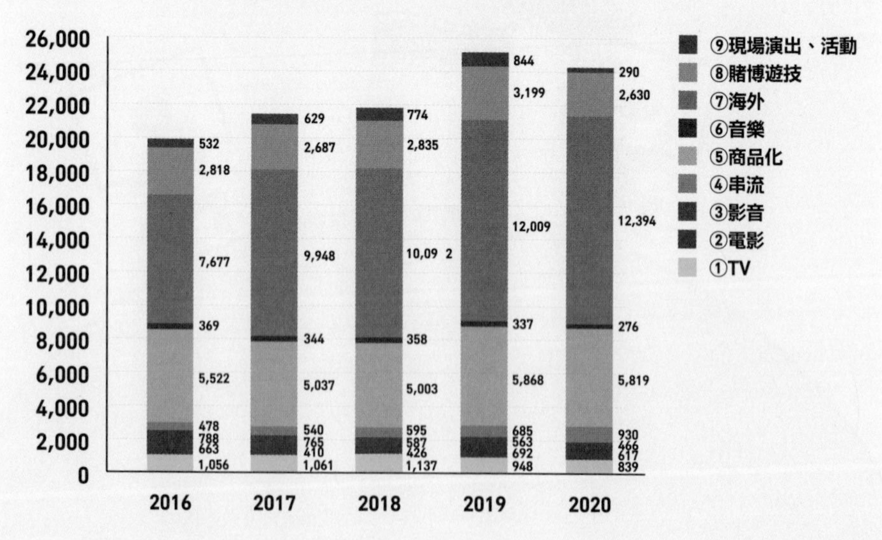

圖表 1　日本動畫產業穩定成長

《火影忍者》，這些日本動畫不只在亞洲，而是深入世界各地人們心中。如果我們去看日本動畫協會的產業報告書就可以發現，二〇二〇年日本動畫的產業規模達到將近兩兆五千億日圓，呈現出漂亮的成長趨勢。而其中，海外部分就占了一半以上。

日本影視作品在海外的「不作為」

對照之下，日本國產真人電影或是日劇，放到國際上，存在感就少了許多。二〇二二年三月，Netflix 人氣影集的產出國第一名是美國，第二名則是韓國。日本的作品不僅世界不捧場，日本人自己似乎也是興趣缺缺。二〇二二年三月第三周的日本區 Netflix 熱門作品排行上，前十名中有八個作品來自韓國，日本只有一個綜藝，以及一個動畫節目進榜。二〇一八年，韓劇的年出口金額就已是日劇的八倍左右，就更不用說這幾年疫情期間，韓國影視作品在現象級作品《魷魚遊戲》、《愛的迫降》等催化之下，市場

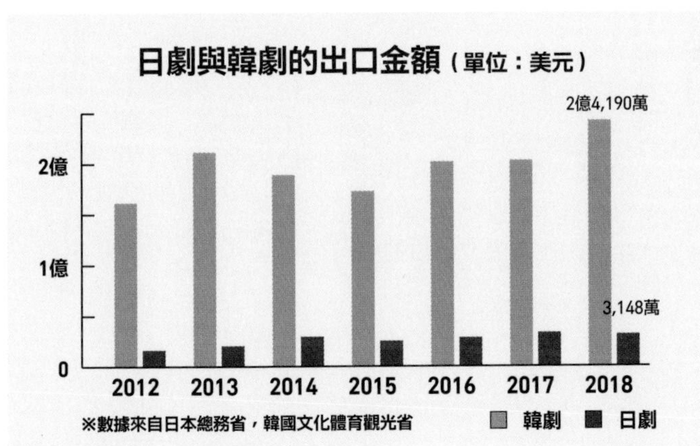

圖表 3 韓劇的出口金額遠遠超過日劇

需求獲得多少提升了。

日本影視作品在海外的「不作爲」，其實日本的經濟產業省早已有點出。二〇一九年六月，日本政府召開了「電影產業未來檢討會」，報告書中就直接寫明：「日本電影產業最大的問題就在於，沒有成功開拓海外市場。」

日本的影視作品到底是差在人家哪裡，爲什麼就是開拓不了呢？又或者說，爲什麼日本動漫作品可以，影視就不行呢？關於這個問題，日本社會上有很多論調。有人說，都是國家政策出問題；也有人說，日本連影視產業都喜歡搞鎖國，缺乏在世界舞台上競爭的野心。這裡頭還有一個特別值得探討的說法，那就是，日本的影視作品走不出國際，日本的電視台是關鍵。

國產電影至上！電視台萬歲！時代

日劇算在電視台頭上還可以理解，但日本電影與電視台有關係嗎？首先，大家如果平時有在看日本電影的話，可以注意一下片尾名單。非常高機率，製作群裡會出現日本各大電視台的名字。當我們打開歷代日本電影票房排行榜，我們可以發現，榜上有名的眞人國產電影：《大搜查線2：封鎖彩虹大橋》、《南極物語》、

日本歷代電影票房榜中的真人國產電影		
排名	片名	參與電視台
10	《大搜查線 2：封鎖彩虹大橋》	富士
31	南極物語	富士
40	《大搜查線 THE MOVIE ：灣岸署史上最惡之三日》	富士
43	子貓物語	富士
69	《菜鳥總動員畢業決戰》	TBS
70	《在世界的中心呼喊愛情》	TBS
77	HERO	富士
80	《海猿 3》	TBS
85	《流星花園》	TBS
92	《海猿：東京灣空難 》	TBS
93	《大搜查線 3 THE MOVIE 3：全面動員》	富士
100	《海猿 2—Limit of Love》	TBS

※ 不含動畫、特攝電影。
※ 本表數據統計至 2023 年 1 月 15 日，取自興行通訊社公開資訊重製而成。
圖表 4 日本電視台參與電影事業

《子貓物語》、《菜鳥總動員畢業決戰》、《在世界的中心呼喊愛情》、《HERO》、《海猿 3》，《流星花園》……這些電影背後，都是有著日本各大電視台的參與。

其實日本的電視台早在半個世紀以前，就已開始參與電影的製作，其中又以富士電視台最爲發光發熱。富士電視台第一次正式推出電影，是一九八三年的《南極物語》。兩隻狗狗在南極大陸上努力求生，一年後再次與南極觀測隊員相遇的故事打動了無數觀眾，成功地拿下了該年度日本電影總票房榜的亞軍，僅次於《E.T.外星人》。

賣座的背後，也出現了一些反對電視台加入電影產業的輿論。他們說，《南極物語》會大賣，都是因爲電視台不停地讓兩隻明星狗狗上自家節目宣傳。將國家的廣電系統當成自家電影的宣傳管道，這麼做已算是公器私用。不過這些聲音，絲毫沒有影響到富士電視台在電影產業大展拳腳。第一次推出電影就獲得如此好成績，之後，富士電視台陸陸續續推出了掀起了日本滑雪旋風的《帶我去滑雪》（私をスキーに連れてって），以及反映了泡沫經濟時代的《就職戰線無異狀》（就職戦線異状なし）等等膾炙人口的作品。不過這個時期，電視台推出的電影都是還是全新劇本的單篇電影。

一九九八年，已經對電影事業很有心得的富士電視台，首次嘗試將日劇衍生成劇場版在電影院上映。那就是當時紅遍大街小巷的《大搜查線》。當時要推出之前，其他電視台都不看好。大家都認爲，日劇就是讓民眾透過自家電視免費觀看的，會願意花錢去電影院看的劇迷，估計是少之又少。沒想到，電影上映後火速變成了大熱門，造成了社會現象，《大搜查線2：封鎖彩虹大橋》直到今天，一直都還是穩居於日本影史上最賣座眞人國產電影的冠軍寶座。

這次的成功，讓其他在旁邊看的電視台們羨慕得口水流了一地，紛紛摩拳擦掌，參入電影製作事業。整個九〇年代到二十一世紀初，迎來了日本國產電影的黃金時代。TBS電視台有《在世界的中心呼喊愛情》、《現在，很想見你》、《日本沉沒》。日本電視台有《死亡筆記本》、《20世紀少年》、《ALWAYS幸福的三丁目》；朝日電視台有《圈套劇場版》、《相棒劇場版》、《男人們的大和》。各家電視台都爭相製作迎合日本觀眾口味的電影，用自家頻道大爲宣傳，獲得大筆收益。這樣的作法也將原本歐美電影領頭的情況扭轉了過來，帶起了「國產電影至上！電視台萬歲！」的社會風氣。

日本電影業界的資源，經過這幾十年，都掌握到了電視台手裡。大家可能會覺得，這樣有什麼不好嗎？國產電影受國民歡迎根本就是再好不過的事吧？確實是如此。然而，二〇〇〇年代後期開始，影視娛樂市場走向全球化，而文化輸出也變成了國家規模的事業。電視台的獨大，讓日本影視的眼界被侷限在了日本的國界裡，看不見遠方。

走向世界？有何必要？

打開日本的電視，在最多選擇的東京地區也只有九個頻道可以看，其中NHK就占了兩台。再加上現有的電視台與日本政府有著密不可分的關係，所以，就算有企業想要辦一個新的電視台，執照也辦下不來。

現有的電視台作爲既得利益者，無條件坐擁一億兩千萬觀眾，待在一個受到保護的市場環境中。雖然需要與國內的對手台競爭收視率，以及面對線上影音串流服務崛起而帶來的課題，但比起Sony或是夏普等時時刻刻都需要面對全球市場競爭考驗的其他產業，經營環境算是溫和多了。半世紀以來處在這樣的狀況中，突然要他們去做出能夠在世界打出一片天，媲美好萊塢或韓國的影視作品，難度實在太高了。

這幾年來，電視台們已經有了一套公式來抓住日本觀眾的胃口，不管是有意無意，都已經深深影響到每部作品的製作。然而，這套針對日本人的公式，一出日本就沒有任何作用，甚至會被認爲是千篇一律，老調重彈。自然，國外的觀眾不會買帳。不僅如此，電視台也缺乏想要征服世界的野心，國內的一億兩千萬人就足夠了，花預算費心思去征服海外市場，風險太高了，能避免還是儘量避免吧。

電視台的過度參與，正是日本作品走上國際舞台道路的絆腳石。

這句話後面，還有另一層意思。通常，各國的電影都是由製作公司獨立製作，然後由發行商買下版權，再往下發行給電影院或是賣向國外。但日本這些電視台參與的電影，就算電視台只是出錢投資，實際拍攝是發給其他製作公司做，電視台也會以「依照慣例」爲由，干涉內容的製作，將著作權緊緊地握在自己手上。並且要求契約上必須寫明，電影完成後所有的販賣權必須由電視台完全獨占。也就是說，電影的內容以及販賣，實際上都是由電視台在背後掌握的。日本影視製片人協會（日本映画テレビプロデューサー協会）的副會長重村一也詬病過此事，並且提到：「如果日本可以像其他國家一樣，電影由製作公司獨立製作，著作權和販賣權都可以自由運用，比如說：與海外的公司共同企畫拍攝，或是積極將作品賣向國外，那也許現在日本作品在國際上的狀況會很不一樣。」

舉一個簡單的假設讓大家想像一下，如果日本某電視台的社員手上握著《神隱少女》的著作權，對身爲製作公司的吉卜力工作室指指點點，侷限其創作內容，那麼也許《神隱少女》就不會變成廣受世界各地喜愛，膾炙人口的作品了。而且，因為電視台整體最大的收益來源是廣告，所以比起能夠帶給觀眾的品質、感動，他們自然而然地會更加注重於——贊助商的滿意度，以及最能夠直接影響收視率的藝人背後的經紀公司。基於電視台的整體商業模式，這樣的觀點無可厚非，但這也使得他們在籌畫電影的時候，會不自覺地將重心放在經紀公司主推的偶像明星，要如何包裝他在劇中的角色，如何改寫劇本，才能拉到更多票房。

專欄

台灣從很早就開始進口日本的影視作品，習慣日本作品「公式」的台灣人也非常的多。不管韓國作品如何席捲世界，一直到現在還是特別支持日本作品的影迷劇迷的台灣人還是不在少數。

一位網友告訴我「雖然沒有成功開拓海外市場是日本影視產業的問題與危機，但正是有這樣保護以及電視台的壟斷，有時候反而能做出很有日本特色/文化的影視作品。這些作品以家庭、生活、夫妻、眞實社會、成長經驗爲主題的電影，不一定刻骨銘心，但反應的都是日常且眞切的生活實況。比起國際化的大製作電影，這樣的作品反而更使我對日本影視深深著迷。」

筆者非常同意，和這位網友一樣特別鍾愛日本影視的我，對於「有些情感與世界觀，是只有細膩的日本作品才刻畫得出來」這句話特別地感同身受。也因此，會想要探討「爲什麼日本電影或日劇不能像韓國作品一樣走上國際舞台」正是出自於筆者自己對日本作品深深切切的期盼。

筆者在日本生活，也有認識一些年約六十幾歲的日本人長輩。讓我印象非常深刻的是，一對生活在日本鄉村地區的長輩夫婦因爲對韓劇的熱愛，從完全不懂電腦到非常熟練操作影音平台。他們平時日出而作日落而息，但沾上韓劇之後卻像年輕人一樣開始熬夜追劇。本來以爲像經典作品《冬季戀歌》一般是女方迷上，嘗試詢問推薦作品，卻是由男方如數家珍地告訴我《愛的迫降》、《機智醫生生活》等等我以爲是面向年輕觀衆的作品。至此，我對於韓劇的實力才眞正甘拜下風，並且對日本影劇產生了深深的危機感——日本國內的市場也被韓劇瓜分了。一般來說電視台的收視率都是由中高齡層去支撐的，沒有想到日本的中高齡層現在也都投向韓劇的懷抱。

以現今日本影視產業的狀況來說，海外市場持續被瓜分，日本市場又漸漸縮小，長遠來看，接下來想必會越來越困難。產業困難，能夠投入的預算就會越來越少。太過生活系、小衆的作品更難得到投資人的青睞，這也就等於日本的影迷們能遇到好作品的機率，也會隨之變得越來越低。產業要蓬勃，作品才有機會多樣化。如果日本的影視產業能像韓國一樣能有幾個現象級作品來帶動，產業裡的資金、人才就可以更加充沛與流通。這樣就能給「非安全牌」、「非百分百商業取向」的創作更多發展的空間。勇於發揮，勇於挑戰，期待日本能給帶來給我們更多好作品！

III
日本職場的生存物語

3.1

菁英上班族如何變成「窗邊的歐吉桑」

不知道大家身邊有沒有那種幾乎不工作，每天上班都是來殺時間的那種前輩、或者同事呢？

日本因爲過往的終身雇用觀念還留在各大企業的文化裡，所以除非公司經營出現危機，或是員工方出現重大違反法律的行爲，否則幾乎不會發生裁員、或是單方面解雇的狀況。在這樣和諧、無壓力的工作環境中，自然而然地就會出現，「反正公司永遠不會叫我走路，只要一直待著就可以享受高薪，那我當然是選擇能不做就不做事、越輕鬆越好」的員工。

出沒在各大職場，窗邊的歐吉桑們

如果大家來日本的大公司看，通常都可以在每個部門找到一兩個每天都在殺時間的歐吉桑。他們的職位可能是課長、甚至是部長，通常會被分在窗邊的座位。每天早上來上班就是看看報紙刷刷網路，或望著窗外的風景發呆、曬曬下午的太陽，等到點下班準時回家。

而日本的大型貿易公司（商社），因爲本身的薪資制度就非常優渥，再加上年功序列的文化，大學畢業後就進到公司裡工作，到達歐吉桑年紀的時候，年薪通常都可以達到兩千萬日圓以上。於是，新一代的年輕人們，就給了這些每天坐在窗邊發呆就可以拿兩千萬高薪的歐吉桑們取了一個名字，叫做：Windows 2000。

這些歐吉桑裡頭，有些人是因爲某些契機而失去了對工作的熱情、自願安裝 Windows 2000；而另外還有一些人可能得罪了公司的高層，或是公司覺得沒有合適的工作可以交給他，於是就將他安排到窗邊的位置，剝奪其職務與責任，將其強制更新成了 Windows 2000。

而最不幸的，就是被分配到這些歐吉桑底下的新鮮人。

筆者當年還是新鮮人時，非常不巧，就被掛在了一個對工作失去所有熱情的 Windows 2000 歐吉桑之下。在這裡爲了方便，我們就稱其爲 K 部長吧。K 部長當時年約四十五，衣著體面有品味，長相酷似日本型男竹野內豐。美中不足的是，他總是掛著一副「不要來跟我講話」的表情。

當時眞的是讓還是菜鳥的筆者大開眼界，差點誤以爲在日本，部長職就是這麼輕鬆。K 部長每天早上九點就會準時出現在位子上，之後就好像在演日劇一樣，五點的鐘聲一響，就會站起來下班走人。這中間的八個小時，他準備了非常多節目來娛樂自己，刷 YouTube、看股票、甚至是看房地產等等。最令筆者印象深刻的是，他戴著自備的頭戴式耳機，光明正大地用公司的電腦打開了Netflix，看起了《陰屍路》。有一次，他被劇裡突然出現的喪屍嚇到，蹬了一下桌子。連帶著坐在他旁邊的我也因此嚇了一跳，在寂靜的辦公室裡不小心叫了一聲。那之後，整個辦公室都時常向我這個新人投以關愛的目光。

其實這些都還好，最讓我覺得絕望的是，他是我的掛名直屬前輩。還是新人的我很多事情一個人都做不來，都需要請教他。但他頭戴耳機，一臉緊張地在看《陰屍路》的樣子，總是讓我需要集滿一百%的勇氣才敢開口打擾他。不僅如此，就算我眞的開口請教了，他也從來不會正眼看向我。他就像一個AI聊天機器人一樣，抓到問題的關鍵字之後，簡短地吐回給我一個名字：「去問那個誰誰誰。」

經過一年多的時間，我大概也抓到了一些與他相處的感覺。我默默地發現到，他其實是一個工作能力很強的人，在作業系統被安裝成Windows 2000以前，一定是一個叱吒職場的菁英上班族。我會如此推測，是基於三個理由。第一，儘管他根本就不工作，但有時候可以看到別部門的部長特地走過來、彎下腰請教他問題；第二，他有時看到坐在旁邊的我因爲快要出包，而急得滿頭大汗的時候，默默地在旁邊碎念兩句意味深長的話；第三，他說「去問那個誰誰誰」的時候，通常那個「誰誰誰」都確實能給我可靠的答案。

有時候我們也會有機會一起去吃午飯，我一直希望可以藉機與他聊一聊，聽聽看他到底是如何會安裝上 Windows 2000 的。可是我總是無法順利帶起話題。最後都會圍繞在他推薦哪些 Netflix 影集；或是他的孩子正在準備考大學，他如何告訴孩子「東大以外其他一概不接受」之類的話題。

從菁英上班族到 Windows 2000

後來的某一天，新的人事消息發布了。他被調離了我們部門，準備要去一個八竿子打不著邊的部門。我們小組幫他辦了一個小小的送別會，但是在會上，他看起來並不是很高興。

最後一天，在部門全體員工都參加的大會上，我們部門階級最高的總經理一一點名當月的調動名單，請員工起來講感言。但在最後竟然忘記叫到K部長。一直到現在，我的印象還是很深刻。只見K部長站起來，一副又急又氣的樣子。他朝著總經理說：「我幹了二十年，二十年呀！就這樣嗎？你就是這樣對我的嗎？」大家都呆住了，其他管理階層趕緊起身出來將他按下去。負責大會進行的司儀也只好趕緊補上：「好，祝K部長在新的部門一帆風順。」而總經理，他只是尷尬地笑了笑，整件事就這麼不了了之了。

那之後，我才終於在其他前輩口中得知了一點點眞相。總經理與K部長年輕時是在同一個小組工作的，只比總經理小幾屆的K部長可以說是總經理的得意門生。在外人看來，兩人是感情很好的師徒關係。他們倆進公司後，就一直是一起經營同一個客戶，一做就是二十年。

K部長很優秀，也特別努力。責任感極強的他，每一個案子都費盡心血，在某些領域甚至懂得比客戶還多。而客戶在日本也是響噹噹的大公司，雖然難纏，但是預算充沛。事情就發生在一個風和日麗的下午，K部長去到客戶公司，開會討論重要項目。

客戶方有一位高層，他是出了名的思路清奇又口無遮攔。因爲意見不合，就跟K部長爭吵了起來。在業界有二十年的經驗的K部長，自尊心甚強，一時之間竟也忘了對方是客戶，應該要好好捧在手心上。兩個人針鋒相對，吵得面紅耳赤，最後客戶脫口而出：「你給我滾出去，從今以後不准你再踏進我們公司！」

K部長氣急敗壞回到公司，期待總經理可以幫他討個公道。就算不能，也至少可以私下同仇敵愾一下，撫慰他受傷的心靈。結果總經理卻只幽幽地說了一句：「你怎麼可以得罪客戶……」便趕緊出發去買禮物、跟客戶道歉了。

覺得被背叛的K部長，從此就放棄了工作，成天摸魚。他不僅摸魚，他還要故意摸得很明顯，就是要摸給大家看。其實，這就是他對總經理的抗議：客戶不讓我去他們公司，那我就不要去。我不僅不要去，我還要整個人廢掉，化身Windows 2000。讓你有一台超高性能的電腦，卻只能裝Windows 2000，痛失一個有能力的左右手。

那次事件以後，總經理一直拿光明正大偷懶的K部長沒有辦法。兩年之間，K部長在總經理轄下的各個組之間調來調去，工作態度都沒有變化。如果是台灣的公司，應該早就開除了吧。但是日本公司的企業文化不僅不能開除，甚至無法拿去他部長的頭銜。最後總經理束手無策了，宣布放棄。他將K部長調去了不歸自己所管的部門，背後的意思就是「你好自爲之吧」。而K部長認爲總經理將他掃地出門，自己在部門內二十年的經驗就這麼歸零，氣憤難平。再加上總經理竟然還在最後的員工大會上，忘記點名他起來講感言，這也就是爲什麼那天K部長會有這麼大的反應了。

這就是我在日本職場上遇到的，有點孩子氣的 Windows 2000 的故事。

後來，我要轉職去其他公司時，最後一天，我還有特地去找K部長跟他打招呼。好久不見的他依然以同樣的坐姿、同樣地戴著頭戴式耳機，非常專注地在看他的《冰與火之歌：權力遊戲》。他轉過來看著我說：「去新的公司也要好好加油喔。」

最後，大家猜，總經理後來怎麼樣了呢？總經理平步青雲，我離開了那間公司後沒多久就聽說他升上了董事。現在，他已經位居常務董事了。

3.2
令人煎熬的「日本職場情人節」

筆者剛出社會時，日本職場的情人節文化給了我不小的衝擊，日後留下了小小的創傷在我心裡。每年的一月中至二月上旬，當我看到商場的情人節巧克力促銷活動，我就會又想起當時的辛酸回憶。

大學畢業後，我進到了一間社風保守、非常傳統的日本企業。受訓一個月後，我被分發到了一個約四十多人的部門。我離開那間公司很多年了，但現在回想，那裡的職場文化以及組織體質上都有著不小的問題。而當時還是菜鳥的我缺乏職場經驗，應對進退不夠成熟，也沒有足夠強健的心理素質，所以才會有接下來我將與各位分享的這些心路歷程。

當時的我，處在一個百分百年功序列的職場文化之中。每年人事都會分發兩位大學剛畢業的新人至公司內各個部門，而這兩位「一年級」的新人就必須要承擔部門內所有前輩的各種雜事，也就是「庶務」。比兩位新人大一屆的「二年級」，就要負責教新人如何處理這些雜事，若新人表現不佳，就要負連帶責任。同時，「三年級」則要負責監督二年級有沒有好好地帶領、管教新人；如果沒有，三年級也是一樣會被上面的四年級斥責，以此類推。筆者印象很深刻的是，我們這些「低年級生」曾乖乖站在會議室中間，接受七年級的兩位前輩「口頭管教」。

部門內的「庶務」，雖然說都是雜事，但負擔並不輕。比如說，新人要提早一小時到達公司，打掃辦公室環境、訂購短少文具、補充影印機的紙等等。上班時段，新人要負責接全部門前輩的電話，若前輩外出不在，就需要詢問對方傳達內容，並留下備忘錄放在前輩桌上。除此之外，全部門四十幾位前輩的郵件包裹，都是兩位新人負責開封確認內容後，再交給前輩。另外還有不定期的部門活動，小從歡迎會、送別會，大至新年會、員工旅行，從訂場地到企畫表演內容，台下反應熱不熱烈、好不好笑也都是新人的責任。而每年的二月十四日情人節，也是我們的庶務中一個非常重要的環節。

日本職場的「送巧克力文化」

日本的情人節文化與台灣有著天壤之別。在日本，情人節是女生準備巧克力送給男生的日子。而且不只限於情人，或是意中之人，所有的男生都是送禮對象。這是日本男女之間溝通交流、促進人際關係的一種方法。日本有很多女孩子從小學開始，就會由媽媽陪同一起準備巧克力等小零食，在情人節當天帶去學校分給男孩子們。而在職場裡也是一樣，女性員工通常會自掏腰包準備巧克力，送給平常有在照顧自己的男生同事或上司們，以表達自己的感謝。雖然情人節送巧克力是一種日本文化，但也僅止於文化。既沒有明文規定，也不存在強制性。事實上，日本也有很多「不過情人節」的職場，不少女性員工心中也認爲，都什麼時代了，大可不必。

但在我當時身處的職場，情人節當天，由女性新人代表部門全體女性員工，事前準備巧克力送給全體男性員工，這是一個已經有數十年傳統，勢在必行的重要任務。新人如果對此感到疑問，從前輩們的視角看來，就會變成二至七年級的女性前輩們沒有教導好，導致新人不尊重優良傳統。想當然，前輩們就會輪番上陣來與新人對話，確保任務執行到底。

當時前輩交給我的標準作業流程是這樣的，新人必須要在一月中寫信給全體女性員工詢問說，情人節就快要到了，男性員工平常很照顧我們，我們是不是應該全體集資準備巧克力給大家呢？此時，低年級的女性前輩們就會趕緊按下全部回覆表達贊同，製造一種「這是理所當然」、「大家都非常同意」的氛圍。這樣一來，即使全體女性員工中有少數抱持著「大可不必」想法的人，她們也不好再多說什麼。接下來新人就可以回信說，既然大家都同意的話，新人就開始準備算帳和採購巧克力了。

算帳指的是計算收支。依照女性員工的人數以及出資單價，預估大約的集資金額。並且對男性員工們進行分類，部門的直轄董事是A級，部長與副部長是B級，部門內的組長們是C級，而其他男性員工們則是D級。以此爲基礎，做出一套採購計畫，各個級別總共需要幾個巧克力，每個級別預算是多少等等。計畫得到低年級前輩們的認可之後，接著就是出發採購巧克力了。

咬緊牙關，將任務進行到底

當公司在爲各部門分發新人時，都會故意配成一個男生、一個女生。所以當時，所有的責任都落在了我一個人身上。我原先以爲，既然種類、數量以及預算都定下來了，那就在網路上物色好，動動手指下單即可。事後證明，菜鳥就是菜鳥，太過天眞了。

二年級的女生前輩強硬地指導道：怎麼可以，當然一定要去現場買啊！首先，妳自己都不知道好不好吃，妳好意思給送給前輩嗎？現場試吃肯定是少不了的呀。再者，將男性員工們依照職級分等，就是爲了要買最適合他們的巧克力，尤其是直轄董事和部長級，我們還必須附上卡片，寫明選擇這款巧克力的理由，所以當然必須要去現場，看到實品好好地挑選才可以呀。當時的我除了庶務以外，還正在熟悉各種實質上的業務，心裡眞的是有各種說不出的吐槽。但礙於壓力，我還是在平日下班後，跟著二年級的前輩去了百貨公司的情人節巧克力特別賣場去採購了。

採購巧克力，最難的就是想送禮理由了。當時爲了順利達成任務，眞的是滿口胡謅，毫不臉紅。我們在賣場上看到一款外型非常夢幻的星球主題巧克力，於是我們就決定要買下來送給直轄董事；理由寫的是：董事就像太陽一樣照耀著我們，帶領著我們向前，我們看到這款星球主題的巧克力，就情不自禁地想起了您。另一款送給部長的，它是將巧克力做成了咖啡杯的形狀，裡頭塡滿了咖啡口味的慕斯；理由寫的是：我們知道您日日夜夜爲我們操心，時常猛灌咖啡工作到深夜，我們會繼續努力，不辜負您的期待。送給直轄董事以及部長級的巧克力，預算大概在五千日圓左右。而送給全體男性員工的巧克力，因爲人數眾多，預算大概是一千日圓，也不需要準備卡片。

二月十四日當天早上，新人會早早就來上班，上樓將送給董事的巧克力交給祕書，再將其他男性員工的巧克力一一放至大家的辦公桌上。早上九點開始上班時，新人就需要跑到辦公室前方大聲宣布，各位男性前輩，謝謝你們平時的照顧，新人代表全體女性員工準備巧克力送給大家，希望大家會喜歡。這些都完美結束之後，新人就需要再次寫信給全女性員工，告知每個人需要繳款的金額，再一一去到大家位置上收錢。

日本職場的情人節，爲什麼會變成筆者辛酸的回憶呢？我認爲根本的原因就在於公司「年功序列與連帶責任」的文化。在這一連串的準備過程中，二至七年級的每位前輩都擔心自己如果沒有插上一腳，之後會受到上面嚴厲的斥責。太多人有太多意見，從「這封信寫得不好、這個預算分配不恰當」，到「別的部門準備這麼厲害的巧克力給董事耶？你們眞的有按照部長的喜好選嗎？你們這個理由不會太牽強嗎？」身爲最沒有經驗與發言權的新人，很容易就隨波逐流，戰戰兢兢。好不容易確認過的東西，下一秒因爲別的前輩的一句話又被推翻，重複出現這樣的狀況也讓當時的我感到束手無策。一邊處理這些，一邊還要努力學習其他實務，在時間與諸多事務的壓力之下，這些流於形式，對公司的生產力毫無正面影響的送禮行爲，也讓我感到懷疑人生。

當然，一個月後的白色情人節，就變成男生新人要代表全體男性回禮給女性前輩們了。一樣的流程同樣的麻煩，雖然董事以及部長都是男性，需要準備的範圍較小，但是女生前輩們對甜食等回禮是有講究的，男性新人也不會輕鬆多少。

筆者現在已不是新人，離開第一間公司後，在職場打滾也有一段時間了。情人節巧克力這樣的瑣事，已經煩不到我了。但現在的我，也沒有變成「大可不必」那樣的前輩。我還是會在二月十四號當天特別去挑選幾個喜歡的巧克力，不代表全體女性員工，僅代表我自己，送給平常互動比較頻繁的男性前輩，表達受到照顧的感謝。

為什麼呢？因為後來的我轉念一想，如果不能改變身處環境的「文化」，那就改變我的「心境」。其實在職場上能夠有一個日子，讓大家可以眞心表達自己的感謝給身邊的人，也算是一個很好的機會。更何況，嗜甜食如命的我發現了一個黃金法則。那就是職場的男性前輩在白色情人節的回禮，都會特別高級、美味精緻。畢竟是女生主動先送巧克力給自己，大叔們都會高興得不得了。加上自己身為上司，可不能漏氣，當然要準備更好的回禮來展現大叔的 Sense。也就是說，送情人節巧克力一事，換個角度想，就有點像是一個月的短期投資，有付出，就能期待收穫。當然這一段開玩笑的成分居多了。祝福大家都能擁有美好的職場情人節！

後記

4.1
那之後的大戶屋

二〇二〇年十一月，在大戶屋的臨時股東大會上，從社長到董事，Colowide 幾乎解任了所有的經營層，換上自己的人馬來接手大戶屋。

那現在的大戶屋，怎麼樣了呢？

新經營層上任後的隔年三月，新生大戶屋便迎來了第一個決算期。二〇二〇年度，大戶屋的營收是一百六十一億日圓，只剩下了前一年的三分之二。而營業利益則是前所未有出現了三十三億日圓的赤字，這是大戶屋創業以來史上最嚴重的虧損狀況了。

日本企業的年度決算（相當於台灣企業的年度財報），通常都是從四月開始，算到隔年三月。Colowide 派出的新經營層是從十一月上台；也就是說，這次的年度決算總共十二個月之中，Colowide 只負責五個月。而且新官上任，還在搞清楚狀況、跟社員溝通，根本沒來得及做出什麼改革。所以，這次的大虧損實在不能算在

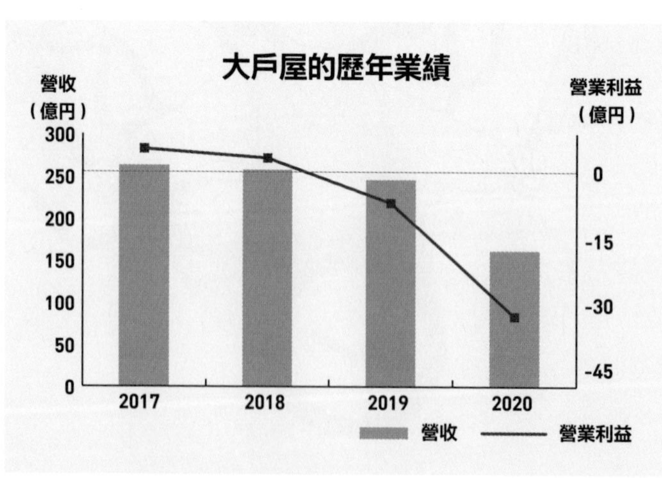

圖表 1 新生大戶屋的第一個決算期

Colowide 頭上。日本媒體一邊大肆報導大戶屋慘澹的經營狀況；一邊也補充，好吧！那我們就再給 Colowide 多一些時間，期待明年 Colowide 的表現，不過到時候，就不能再找別的藉口了。

當時的決算發表會上，新社長公布了令股東倒抽一口氣的財報之後，接著就開始說明上任以來，新經營層一同擬定的新中期經營計畫。他胸有成竹地說：「今後我們會照著這個計畫從多方面去實踐新生大戶屋的改革，重建大戶屋的經營，請大家拭目以待。」

新生大戶屋，哪裡不一樣？

首先，我們來看看當時最大的爭論點，中央廚房的導入與否。

當初爆出 Colowide 要敵對併購大戶屋的消息時，民眾最擔心的就是「店內調理」的存亡。大戶屋的餐點是否會變成工廠量產型、了無新意的口味。但其實，Colowide 接手大戶屋至今，一直都沒有真正導入中央廚房系統。目前只有部分吃起來不會有太大差別的加熱用蔬菜，有使用事前統一調理的方式。

媒體訪問到大戶屋的現任社長藏人賢樹，也就是 Colowide 的董事長藏人金男的兒子，他說：「中央廚房的爭議是媒體炒作下的產物，我們當時並沒有堅持一定要導入。」媒體又轉而去訪問到他的父親，他回答：「店內調理是大戶屋的強項，我們沒有要改變它的意思。」相信讀者閱讀至此，心中是滿滿的問號，筆者也是同樣的心情。重新查閱 Colowide 在二〇二〇年四月宣布要在大戶屋的股東大會上提出動議時所發出的正式書面文字，議題確實只有「將經營層撤換成 Colowide 準備的人選」；而關於活用中央廚房一事，則是寫在了「若大戶屋由 Colowide 管理能帶來的好處」裡頭。算是勉強過關嗎？

也許他們接手大戶屋並深入了解後，對店內調理進行了重新評估，得到了不一樣的結論。抑或是被大戶屋的資深員工集體說服了，總之，中央廚房並沒有正式導入。至於口味的部分，筆者親身實測之後認爲，並沒有太大的變化，日本的網路上也沒有看到太多關於口味改變的聲音。

不導入中央廚房，對大戶屋的忠實客戶來說固然是好事。只是這也不免讓人思考：當年 Colowide 在進行併購時，強調能藉由中央廚房來壓低成本、提升出餐速度、解決人手不足，進而帶領大戶屋走向下一個事業高峰。如果決定不仰賴中央廚房的力量，那 Colowide 將如何重建大戶屋呢？

找回老客戶！大刀闊斧的改革

併購之前，Colowide 就計畫要統合 Colowide 和大戶屋的進貨方式與物流據點，來壓低食材及運輸等的相關成本。這一項，確實是有做到的。Colowide 接手之前，大戶屋的食材成本比率是四三．八％，二〇二一年度的決算書中，這項比率是改善了一．五個百分點。

那出餐速度呢，維持店內調理，出餐速度要如何獲得改善呢？Colowide 把大戶屋的菜單全部重整了一遍，刪掉了一些調理過程繁瑣的餐點，並將餐點的種類減少到原本的八成。並且他們也重新評估，改良了店裡的出餐流程以及營運管理的方式。經調整，本來平均出餐時間是十分鐘四十一秒，改良之後減少了三十五秒，變成了十分鐘六秒。出餐流程和營運管理方式的改良也間接縮短了員工的工時，也就減少了所需要的人事成本。人事成本率也因此下降了零．五個百分點。

以上這些都還只是大戶屋內部效率的問題，業績要獲得

圖表 2 食材成本比率稍獲改善

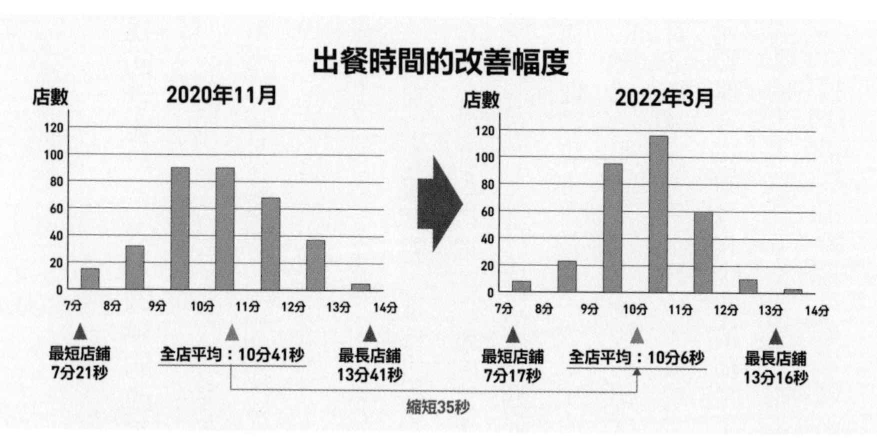

圖表 3 出餐時間縮短了 35 秒

改善，還要從外面把客人請回來才行。全盛期的大戶屋走的是便宜大眾食堂路線，主要客層是二十至四十歲的男性。大家都知道，只要來大戶屋就可以吃到便宜大碗，用心現做的好料理。但隨著市場環境改變，面對持續上漲的材料費和人工費，大戶屋漸漸地開始走高級餐廳路線。除了調漲餐飲價格以外，蔬食健康走向的菜單變多，店鋪的裝潢也開始變得華麗了起來，這也使得很多男性的忠實顧客開始覺得，大戶屋已不再是適合自己的選擇。也因此，在 Colowide 還沒出手之前，大戶屋的業績就已經持續下滑了好幾年。

Colowide 接手之後就開始琢磨，這一盤棋該怎麼下。他們做了一個市場調查，發現日本全國的消費者中，有四成沒聽過大戶屋，有兩成聽過但沒吃過，剩下有吃過的人之中，有三分之二的人是以前有吃過但後來就不再光顧的人們。他們便決定要從這些「曾經的顧客」下手。

這群人之中，絕大多數都是對便宜大眾食堂路線情有獨鍾的男性客群，Colowide便開始針對其擬定策略。他們在經營計畫中寫道，大戶屋打算開發多種面向男性顧客，肉類蛋白質含量較高，可以獲得飽足感的菜單，同時將目前平均九百日圓的餐點價格壓低到七百日圓左右。各種白飯續碗免費的活動搭配上電視廣告的渲染，男性族群也覺得眼睛一亮，願意再次將大戶屋放進自己的口袋清單之中。

其他的策略還有，壓低開店費用。以前要加盟，開一間正規的大戶屋餐廳，需要準備六到七千萬日圓的費用，現在這個數字則是被壓到了五千萬日圓。不僅如此，以前大戶屋的店面只能是大面積的傳統餐廳。但現在，購物中心的美食廣場，溫泉湯屋的附設美食街，這些小面積的空間也都可以加盟大戶屋了。

除了餐廳店鋪和行銷策略的改革以外，大戶屋本部的企業管理也都被大刀闊斧重整了一番。比如說，花在委託外部諮詢公司或是廣告投放的預算，再也不能「依照慣例」。金額是不是合理，有沒有能縮減的空間，都會被徹底地審視。而分布在日本各地的店舖營運效率也是改革的重點，在疫情威脅之下，會不會乾脆收起來，反而可以節省固定費用等等。

就這樣一年過去了，接下來讓我們來看看，Colowide改革下，大戶屋的成果。

新生大戶屋的成敗？

從大戶屋的財務報告上我們可以知道，二〇二一年度，他們營收是一百八十八億日圓，比起前一年是增加了十六%左右。淨利的部分呢？前一年是四十六億日圓赤字，現在則是轉虧爲盈，變成了十九億日圓的黑字。

我們是否可以理解成，Colowide的改革是奏效的呢？

Colowide 於二〇二一年五月發表的新中期經營計畫

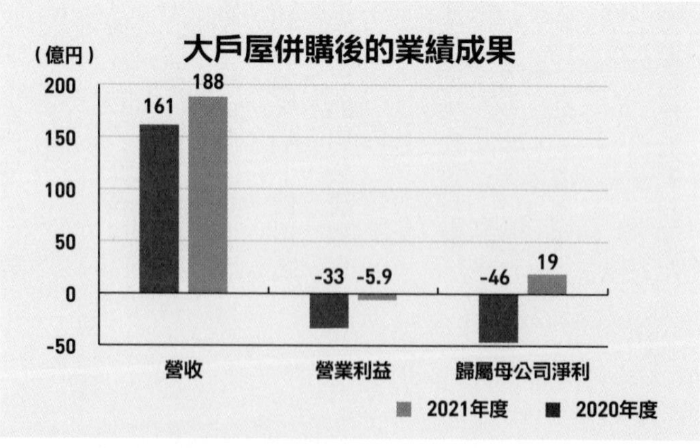

大戶屋併購後的業績成果

（億円）
200
150
100
50
0
-50

營收 161 188
營業利益 -33 -5.9
歸屬母公司淨利 -46 19

■ 2021年度 ■ 2020年度

圖表 4 大戶屋淨利黑字 19 億日圓

中，預計一年後的營收能從原本的一百六十一億日圓增加至兩百二十九億日圓，實際數字卻只有一百八十八億日圓。而營業利益的部分，原預計能從前年度三十三億日圓的赤字，拉回到四億日圓的黑字；結果卻依然保持赤字，虧損了將近六億日圓。Colowide訂下的目標，都沒有達成。應該說，除了淨利的十九億日圓遠遠高於目標數字以外，其他的數字都差強人意。

狀況著實令人費解。營業利益赤字就表示餐廳沒有賺到錢，那爲何還會有這麼多淨利收入呢？當我們再去深入探究就會發現，帳面上特別醒目的淨利，其實另有來頭。

疫情爆發之後，日本政府爲了防止民眾因爲晚上在外吃飯喝酒導致感染擴大，就開始呼籲各大餐飲業者縮短夜間的營業時段。面對處境維艱的餐飲業者們，政府也準備了配套措施——配合防止感染擴大的合作獎勵金。只要業者響應政府政策，夜間營業只到晚上八點，並且不提供酒類的話，東京地區一間店一天最多就可以拿到十萬日圓的獎勵金。

大戶屋透過這個制度，在這一年裡總共收穫了二十二億一千兩百萬日圓的獎勵金。獎勵金因爲不屬於營業收入，所以就沒有計入銷售額與營業利益裡。就變成了餐廳營業成效不彰，但淨利卻一馬當先的狀況。除此之外，平心而論，本節前段提到的食材成本比率、出餐時間、人事成本比率等等的KPI，筆者認爲成果實在不如預期。畢竟，等餐從十分鐘四十一秒變成十分鐘六秒，以爭分奪秒的午餐時段來說，改善幅度還有更多可以檢討的空間。

那所以說，Colowide的種種改革是失敗的嗎？筆者認爲倒也不能妄下定論。對於Colowide的經營手腕，要見眞章，可能還眞的需要再多給他們一點時間。畢竟疫情的狀況時好時壞，整個餐飲產業的風氣本來就很低迷，以他們現有的資源要在短時間做出改善眞的很難。而且，雖然說接手已經過了一年多，但不難想像，前面大半年的時間Colowide應該都花在整理資料以及跟資深社員抗爭之上了。所以，就讓我們將目光放遠，繼續看下去吧。

catch 293

聽她講——
日本企業的經營祕密
東京頂尖行銷人的產業觀察

作　　者：她講
責任編輯：張晁銘
美術設計：烏石設計
出 版 者：大塊文化出版股份有限公司
台北市 105022 南京東路四段 25 號 11 樓
www.locuspublishing.com
讀者服務專線：0800-006689
TEL：(02)87123898
FAX：(02)87123897
郵撥帳號：18955675
戶　　名：大塊文化出版股份有限公司
法律顧問：董安丹律師、顧慕堯律師

總 經 銷：大和書報圖書股份有限公司
新北市新莊區五工五路 2 號
TEL：(02) 89902588
FAX：(02) 22901658

初版一刷：2023 年 3 月
定　　價：新台幣 380 元
I S B N：978-626-7206-87-4
Printed in Taiwan

國家圖書館出版品預行編目 (CIP) 資料

聽她講——日本企業的經營祕密：東京頂尖行銷人的產業觀察 / 她講著. -- 初版. -- 臺北市：大塊文化出版股份有限公司, 2023.03
面；　公分. -- (catch ; 293)
ISBN 978-626-7206-87-4(平裝)
1.CST: 企業經營 2.CST: 企業管理 3.CST: 日本

494.1　　112001563